Prozeßsimulation in der Umformtechnik

Herausgegeben im Auftrag der Projektgruppe Prozeßsimulation in der Umformtechnik von Univ.-Prof. em. Dr.-Ing. Dr. h.c. K. Lange, Stuttgart

Band 8

Bericht aus dem Institut für Umformtechnik der Universität Stuttgart
Prof. em. Dr.-Ing. Dr. h. c. K. Lange

Projektgruppe Prozeßsimulaton in der Umformtechnik

Univ.-Prof. Dr.-Ing. D. Besdo
Institut für Mechanik
Universität Hannover

Univ.-Prof. Dr.-Ing. E. Doege
Institut für Umformtechnik und Umformmaschinen
Universität Hannover

Univ.-Prof. Dr.-Ing. E. v. Finckenstein
Lehrstuhl für Umformende Fertigungsverfahren
Universität Dortmund

Univ.-Prof. Dr.-Ing. Dr.h.c. M. Geiger
Lehrstuhl für Fertigungstechnologie
Friedrich-Alexander-Universität Erlangen-Nürnberg

Univ.-Prof. Dr.-Ing. B. Kröplin
Institut für Statik und Dynamik der Luft- und
Raumfahrtkonstruktionen, Universität Stuttgart

Univ.-Prof. Dr.-Ing. Dr.-Ing. E. h. O. Mahrenholtz
Arbeitsbereich Meerestechnik II - Strukturmechanik
Technische Universität Hamburg-Harburg

Univ.-Prof. Dr.-Ing. J. Reissner
Institut für Umformtechnik
Eidgen. Technische Hochschule Zürich

Univ.-Prof. Dr.-Ing. A. Reuter
Institut für Parallele und Verteilte Höchstleistungsrechner
Universität Stuttgart

Univ.-Prof. Dr.-Ing. K. Siegert
Institut für Umformtechnik
Universität Stuttgart

Sprecher: Univ.-Prof. em. Dr.-Ing. Dr. h.c. K. Lange
Universität Stuttgart

Koordinator: Dr.-Ing. M. Herrmann
Universität Stuttgart

Dae-Kern Kang

Finite Elemente Simulation von Massivumformvorgängen mit Berücksichtigung des Kontaktproblems und der radialen Anisotropie

Mit 84 Abbildungen und 6 Tabellen

Springer-Verlag Berlin Heidelberg GmbH 1995

Dipl.-Ing. Dae-Kern Kang

Institut für Umformtechnik
Universität Stuttgart

Prof. em. Dr.-Ing. Dr. h. c. Kurt Lange

Institut für Umformtechnik
Universität Stuttgart

ISBN 978-3-540-59128-3   ISBN 978-3-662-07238-7 (eBook)
DOI 10.1007/978-3-662-07238-7

Geleitwort des Herausgebers

Die Verfahrensentwicklung ist in der Umformtechnik unmittelbar verknüpft mit der Frage nach der Durchführbarkeit eines Umformvorganges und nach einer optimalen Prozeßführung. Beide Problemstellungen erfordern ein tiefes Verständnis des Einflusses verschiedenartigster Prozeßparameter, wie Eigenschaften des umzuformenden Werkstoffes (mechanische und metallkundliche), Reibungsbedingungen in der Wirkfuge, Werkzeuge (Geometrie, Werkstoff), Umformtemperatur, Umformgeschwindigkeit, Umformmaschine und deren gegenseitige Beeinflussung.

Die seit den siebziger Jahren eingeführten und zunehmend leistungsfähigeren Methoden der numerischen Simulation von Umformvorgängen leisten schon jetzt wertvolle Beiträge bei der Bewältigung der genannten Aufgaben. Die in der Simulationsphase gewonnenen Werkstückgeometriedaten werden mit Hilfe von CAD/CAM-Systemen direkt für die Erstellung von Arbeitsplanungs- und Fertigungsunterlagen benutzt. Damit kann mit einem durchgehenden Informationsfluß von der Werkstückentwicklung über die Konstruktion der benötigten Werkzeuge bis zur Weitergabe der Geometriedaten für die NC-Fertigung der Werkzeuge gearbeitet werden. Voraussetzung hierfür sind allerdings genaue numerische Verfahren, gesicherte Stoff- und Maschinendaten sowie Versagenskriterien und Prozeßrandbedingungen.

In Erkenntnis dieser anspruchsvollen wissenschaftlichen Aufgabenstellung haben sich die eingangs aufgeführten acht Institute universitäts- und fachübergreifend zur Bearbeitung des Gemeinschaftsprojektes

Prozeßsimulation in der Umformtechnik

im Jahre 1988 zusammengeschlossen. Das Projekt wird von der Volkswagen-Stiftung gefördert. Erarbeitet werden soll ein nach modernen Gesichtspunkten strukturiertes universelles, leistungsfähiges Programmsystem für die Simulation von Umformprozessen als eine wesentliche und notwendige Grundlage für die Verbesserung der ingenieurwissenschaftlichen Forschung und Entwicklung zur Errichtung rechnerintegrierter Produktionssysteme in der Umformtechnik (CIM). Die Vielfältigkeit der industriellen Umformverfahren bringt es notwendigerweise mit sich, daß im Gemeinschaftsprojekt wegen der zeitlichen und personellen Begrenzung nicht die ganze Breite der Umformprozesse berücksichtigt werden kann. Es werden damit im Hinblick auf die Anwendungsorientierung Lücken offen bleiben, die jedoch wegen der modularen Programmstruktur später jederzeit über vorgegebene Schnittstellen geschlossen werden können.

Ferner ist mit Sicherheit zu erwarten, daß während der Bearbeitung Defizite an erforderlichen Daten, Randbedingungen etc. sichtbar werden, aus denen sich Anforderungskataloge für zusätzliche experimentelle und theoretische Untersuchungen ergeben werden. Insofern wird das Gemeinschaftsprojekt über die Erstellung des Programmsystems zur „Prozeßsimulation in der Umformtechnik" hinaus weitere wichtige Impulse für Forschungen zu den ingenieurwissenschaftlichen Grundlagen der Umformtechnik geben.

Mit etwa 35 Teilprojektleitern, Mitarbeiterinnen und Mitarbeitern verfügt die Projektgemeinschaft über ein bedeutendes Potential an Fachkräften und Wissen. Das zu erstellende Programmsystem soll nach Projektabschluß zunächst allen öffentlichen und gemeinnützigen Forschungsinstitutionen in Deutschland, in der Schweiz etc. als Forschungsversion zur Verfügung stehen.

Im Rahmen dieser Berichtsreihe werden die wissenschaftlichen Ergebnisse der Arbeiten in den Teilprojekten in bewährter Zusammenarbeit mit dem Springer-Verlag der Fachöffentlichkeit vorgestellt.

Stuttgart, im Januar 1991   Kurt Lange

Vorwort

Die vorliegende Arbeit entstand während meiner Tätigkeit als wissenschaftlicher Mitarbeiter am Institut für Umformtechnik der Universität Stuttgart.

Herrn Professor em. Dr.-Ing. Dr.h.c. Kurt Lange danke ich herzlich für das mir entgegengebrachte Vertrauen, seine Anregungen und die wohlwollende Betreuung meiner Arbeit.

Herrn Professor Dr.-Ing. habil. Bernd Kröplin und Herrn Professor Dr.-Ing. habil. Klaus Pöhlandt bin ich für die eingehende Durchsicht der Arbeit sowie für die wertvollen Anregungen zu Dank verpflichtet.

Herrn Professor Dr.-Ing. Klaus Siegert, Direktor des Instituts für Umformtechnik der Universität Stuttgart, danke ich für die großzügige Unterstützung bei der Durchführung dieser Arbeit an seinem Institut.

Mein Dank gilt ferner allen Mitarbeiterinnen und Mitarbeitern des Instituts für Umformtechnik, die durch ihre Hilfe meine Arbeit unterstützt haben.

Die finanziellen Mittel zur Durchführung dieser Untersuchung wurden von der Deutschen Forschungsgemeinschaft und der Volkswagen-Stiftung zur Verfügung gestellt. Für diese Förderungen bin ich ebenfalls zu Dank verpflichtet.

Stuttgart, Dezember 1994

Dae-Kern KANG

Inhaltsverzeichnis

Verzeichnis der Abkürzungen

Allgemeine Größen

Symbol	Einheit	Bedeutung
A	mm^2	Fläche
α	$W/m^2\,K$	Wärmeübergangszahl
B	--	Verzerrungs- und Verschiebungsmatrix
β	$W/m^2 K^4$	Stefan-Boltzmann Konstante
C	N/mm^2	Werksoffeigenschaftsmatrix,
C	kJ/K	Wärmekapazitätsmatrix
c	kJ/kgK	Spezifische Wärmekapazität
D	--	Anisotropiematrix
d	kg/m^3	Dichte
E	N/mm^2	Elastizitätsmodul
F,f	N	Kraft, Kraftvektor
g	mm	Abstandsmaß
N	--	Vektor der Formfunktionen
I	--	Einheitstensor, Invariante
J	--	Jacobische Matrix
K	N/mm	Matrix der Struktursteifigkeit
K_C	N/mm	Matrix der Kontaktsteifigkeit
K_T	W/K	Matrix der Wärmesteifigkeit
λ	W/mK	Wärmeleitfähigkeit
k_f	N/mm^2	Fließspannung
n	--	Normaleinheitsvektor
P	$N\,mm/s$	Leistung
p	N/mm^2	Druck
Q,q	W	Vektor der Wärmeflüsse
R	N	Vektor der äußeren Kräfte
R	--	Radiale Anisotropie
r	--	Normale Anisotropie
S	mm^2	Randfläche
s	N/mm^2	Spannungsvektor
σ	N/mm^2	Spannungstensor
σ'	N/mm^2	Deviatorischer Spannungstensor
σ_v	N/mm^2	Vergleichsspannung
σ_m	N/mm^2	Mittlere Spannung
r,s,t	--	Koordinaten im natürlichen System

t	s	Zeitpunkt
T	$K, °C$	Temperatur
τ	N/mm^2	Schubspannung
$\boldsymbol{u}$	mm	Vektor der Verschiebungen
v	mm/s	Vektor der Verschiebungsgeschwindigkeiten
V	mm^3	Volumen
W	$N\,mm$	Arbeit
x,y,z	mm	Koordinaten im kartesischen System
φ_{Br}	--	Formänderungsvermögen
η	--	Preßbarkeit
ε	--	Formänderungstensor, -vektor
$\dot{\varepsilon}$	--	Formänderungsgeschwindigkeitstensor, -vektor
$\dot{\varepsilon}_v$	--	Vergleichsformänderungsgeschwindigkeit
δ_{ij}	--	Kronecker Delta
Φ	Nm	Plastisches Potential
ψ	--	Strahlungsanteil
h	W/m^2K	Konvektionskoeffizient
π	$N\,mm/s$	Umformleistung eines Systems
Γ	mm^2	Teiloberfläche
χ	--	Penaltyparameter
κ	--	Vergrößerungsmaß in Kontaktgeometrie
∇	$1/mm$	Nablaoperator

Indizes

e	elementbezogen
el	elastisch
i,j	i-te bzw. j-te kartesische Komponente
m	mittlerer
n	normal
pl	plastisch
T	Transponierte
-1	Inverse
o	Ausgangszustand
$\cdot$	materielle(substantielle) Zeitableitung
$'$	Deviator
$-$	virtuelle (Verschiebung)

0   Zusammenfassung

Ein Umformprozeß ist ein komplexer Vorgang, da die plastische Formänderung, die kontinuumsmechanisch beschrieben werden kann, durch thermische Vorgänge, Kontakt zwischen Werkzeug und Werkstück sowie durch die plastische Anisotropie des Werkstoffs teils erheblich beeinflußt wird.

In der vorliegenden Arbeit wurde ein Verfahren basierend auf der FEM entwickelt, das zur Analyse von Massivumformprozessen herangezogen werden kann. Aus dem bestehenden Programmsystem PLADAN mit starr-plastischem Stoffgesetz, das am Institut für Umformtechnik, Universität Stuttgart, im Laufe von früheren Forschungsprojekten von Roll und Gerhardt entwickelt wurde, entstand im Rahmen dieser Arbeit das Programmsystem PLADAT, das gegenüber PLADAN um neue Programmmodule, den Kontaktsuchalgorithmus, den Temperaturmodul und den Anisotropiemodul, erweitert wurde. Zur Überprüfung der drei genannten Programmmodule wurden Berechnungen am Beispiel verschiedener Umformverfahren - Stauchen, Rohrzugversuch, Strangpressen und Schmieden eines Pleuels - durchgeführt. Die Ergebnisse wurden mit verfügbaren experimentellen Daten verglichen.

Der Kontaktsuchmodul ermöglicht unabhängig von einem Rechenmodell eine automatische Kontaktsuche zwischen Werkstück und Werkzeug während der Simulationsrechnung. Eine zusätzliche Angabe über Kontaktpartner und -stelle ist somit nicht mehr erforderlich. Zur Implementierung des Kontaktsuchmoduls wurde das Konzept "Segment" entwickelt, das anders als finite Elemente lediglich die geometrische Lage einer Oberfläche ohne Freiheitsgrade modelliert. In PLADAT sind zur Zeit nur die Segmente mit linearer Ansatzfunktion implementiert. Der Kontaktsuchmodul wurde anhand eines Zylinderstauchens überprüft.

Der Temperaturmodul basiert auf dem Fourierschen Wärmeleitgesetz mit Wärmerandbedingungen. Dem Einfluß der örtlichen Temperatur auf das Umformverhalten wird mit Hilfe der thermo-mechanischen Kopplung Rechnung getragen. Erst die Berücksichtigung der Wärmerandbedingungen ermöglicht die realitätsnahe Simulation eines Umformvorganges, wie die Beispielrechnung zeigt. Die thermo-mechanische Kopplung wurde durch inkrementelle Vorgehensweise realisiert, d.h. die mechanischen und die thermischen Berechnungen werden in einem Rechenschritt nicht simultan, sondern sequentiell durchgeführt. Die inkrementelle Kopplung bietet eine einfache Möglichkeit für eine thermo-mechanisch gekoppelte FE-Simulationsrechnung in der Umformtechnik. Aufgrund des kleinen

Zeitinkrementes in einer Simulationsrechnung von Umformprozessen unterscheiden sich die Rechenergebnisse bei der inkrementellen Vorgehensweise kaum von einer iterativen Rechnung. Wie der Vergleich zwischen der numerischen Simulation und der analytischen Rechnung zeigt, ist das thermo-mechanische Kopplungskonzept in dem Programm PLADAT für den Einsatz in der umformtechnischen Praxis ausreichend.

Bei der Simulation eines Strangpreßvorgangs mit einem großen Matrizenwinkel ist im allgemeinen die Netzneugenerierung notwendig, weil an der Scherzone größere Formänderungen auftreten, und das FE-Netz in dieser Zone schnell unbrauchbar wird. Ein Experiment aus der Literatur wurde unter Berücksichtigung des Kontakt- und Temperaturmoduls simuliert, und die Ergebnisse wurden verglichen. Aufgrund der großen Netzverzerrung konnte die Rechnung allerdings nicht so weit durchgeführt werden, wie in den herangezogenen Experimenten.

Zur Beschreibung der plastischen Anisotropie beim Umformen eines Werkstoffs mit rotationssymmetrischer Textur wurde die radiale Anisotropie mit Hilfe des Hillschen quadratischen Fließkriteriums für anisotrope Werkstoffe kontinuumsmechanisch formuliert und in das Programm PLADAT implementiert. Diese sogenannte "radiale Anisotropie" äußert sich z.B. darin, daß ein Rohr in Umfangsrichtung andere plastische Eigenschaften als in Wanddickenrichtung zeigt. Die Rechenergebnisse aus der entwickelten Theorie stimmen mit gezielt an anderer Stelle durchgeführten Experimenten an Rohrzugproben allgemein gut überein, während Simulationsrechnungen ohne Berücksichtigung der radialen Anisotropie zu einem von Experiment deutlich abweichenden Ergebnis führen. Die Abhängigkeit der radialen Anisotropie von der örtlichen Formänderung konnte berücksichtigt werden.

Insgesamt konnte gezeigt werden, daß das neu entwickelte Programmsystem PLADAT für die Simulation von Massivumformvorgängen wegen der Berücksichtigung von Kontaktrandbedingungen, thermischen Vorgängen und Werkstoff-Anisotropie besser geeignet als das ursprüngliche Programmsystem PLADAN. Aufgrund der guten Übereinstimmung der Beispielrechnungen mit den aus der Literatur aufgeführten experimentellen Ergebnissen erscheint eine Anwendung der in der Arbeit vorgestellten Lösungsansätze nicht nur vorteilhaft sondern teils sogar zwingend notwendig.

1 Einleitung und Aufgabenstellung

Die Anforderungen an Produkte der Umformtechnik werden immer anspruchsvoller und strenger. Manche Maschinenelemente, die bisher nur spanend hergestellt werden konnten, werden auch durch Umformverfahren gefertigt. Betrachtet man die Tendenzen in der Schmiedeindustrie, so wird weltweit die Zielsetzung verfolgt, umformtechnisch einbaufertige Teile herzustellen [1]. Man spricht von "Net-Shape-" oder "Near-Net-Shape-Forming"[1]. Eine spanende Weiterbearbeitung umformtechnisch hergestellter Teile soll möglichst entfallen. Produktvarianten und Teilevielfalt nehmen zu, und die Losgröße wird geringer. Außerdem gewinnt die Anlagennutzung bei der Kalkulation der Fertigungskosten immer größere Bedeutung. Bei der Zielsetzung "Net-Shape-" bzw. "Near-Net-Shape-Forming" wird man zunehmend zur Halbwarmumformung tendieren. Kombinationen Warm-Halbwarm-Umformung und Halbwarm-Kaltumformung ermöglichen höhere Bauteilfestigkeiten und engere geometrische Toleranzen sowie ggf. bessere Oberflächengüte [1]. Somit gewinnt die Beherrschung thermo-mechanischer Verhältnisse eine immer größer werdende Bedeutung.

Um ein Umformprodukt verfahrenstechnisch optimal und fehlerfrei bei einem minimalen Einsatz von Betriebsmitteln herstellen zu können, sind Kenntnisse von Vorgängen in den Umformprozessen erforderlich. Bei der Umformung eines metallischen Werkstoffs laufen meistens mehrere Vorgänge, z.B. mechanische Formänderung, Wärmeerzeugung und -übergang sowie zeitlich nicht konstante Kontakte, gleichzeitig ab. Da sich ein realer Prozeß bei einer Umformung durch analytische Methoden nur mit starken Vereinfachungen oder gar nicht beschreiben läßt, haben diese Methoden in der Praxis nur eingeschränkte Einsatzmöglichkeiten gefunden. Erst mit der raschen Entwicklung elektronischer Rechenanlagen konnten rechenintensive numerische Näherungsverfahen zur Lösung komplexer Prozesse erfolgreich angewendet werden. Aufgrund ihrer allgemeinen Verwendbarkeit und Leistungsfähigkeit hat sich u.a. die Finite-Elemente-Methode (FEM) in den letzten Jahren in allen technischen Bereichen hervorgetan. Sie wurde jedoch aufgrund des sehr hohen Rechenaufwandes bislang nur eingeschränkt angewendet. Die derzeitige Tendenz in der Hardware-Entwicklung läßt aber erwarten, Simulationen allgemeiner Vorgänge, z.B. dreidimensionaler Umformprozesse, nicht nur mit Superrechnern sondern auch mit derzeit gängigen normalen Rechenanlagen, z.B. Workstations oder RISC-Rechner, mit geringem Zeitaufwand bei niedrigen Kosten durchführen zu können.

---

[1] Definition der Arbeitsgemeinschaft Umformtechnik (AGU) : Prozeßbeherrschtes Umformen zur Herstellung von Bauteilen mit engsttolerierter Geometrie und vorgegebenen mechanisch-technologischen Eigenschaften.

Ziel der vorliegenden Arbeit ist die Entwicklung eines auf der FEM aufbauenden Rechenprogramms, das auf dem starr-plastischen Stoffgesetz basiert und die Durchführung der Simulationsrechnungen von zwei- und dreidimensionalen thermomechanischen Massivumformvorgängen ermöglicht. Das zu entwickelnde Rechenprogramm baut auf das FE Programm PLADAN, das im Rahmen vorangegangener Forschungsvorhaben am Institut für Umformtechnik der Universität Stuttgart [25,26,57] entwickelt wurde.

Da der Kontakt bei allgemeinen Umformprozessen einen nichtlinearen Charakter aufweist, d.h. der Kontakt zwischen Werkzeug und Werkstück im Laufe eines Prozesses sich ständig ändert, stellt das Kontaktproblem bei der numerischen Simulation von Umformvorgängen eine besondere Schwierigkeit dar. Eine stabile und effektive Suche der aktuellen Kontaktstellen ist daher eine der wichtigsten Voraussetzungen für realitätsnahe und genauere Simulationsrechnungen. Der erste Schwerpunkt ist folglich die geometrische Kontaktsuche, die ohne explizite Angabe über mögliche Kontaktpartner und -stellen wechselnde Kontakte im Prozeß automatisch bestimmt. Der zweite Schwerpunkt liegt im Einsatz des entwickelten Programms bei der Simulation von Strangpressverfahren. Die numerische Simulation eines Strangpreßvorgangs ist zur Analyse des Prozesses besonders interessant, da die örtlichen Verteilungen von Zustandsgrößen, z.B. Formänderungen, Spannungen und Temperaturfeldern, die sich durch meßtechnischen Methoden nicht oder nur mit einem erheblichen Aufwand erfassen lassen, problemlos berechnet werden können.

Obwohl Anisotropie, die bei metallischen Werkstoffen in der Regel immer gegeben ist, das Formänderungsverhalten beeinflußt, stellt die Berücksichtigung der Anisotropie für die Prozeßberechnung grundsätzlich ein noch nicht allgemein befriedigend gelöstes Problem dar. Zuvor sind Definitionen bei Blechwerkstoffen z.B. für die normale Anisotropie eingeführt, aber es haben sich bis heute keine vergleichbaren allgemein anerkannten Methode und Begriffe für den Bereich der Kaltmassivumformung durchgesetzt [59]. Die radiale Anisotropie, die zur Berücksichtigung der anisotropen plastischen Eigenschaften bei einem axialsymmetrischen Massivumformfall herangezogen werden kann, wird mit Hilfe des Hillschen quadratischen Fließkriteriums für anisotrope Werkstoffe formuliert und in das zu entwickelnde Rechenprogramm implementiert. Simulationsrechnungen der Rohrzugversuche werden mit den experimentellen Ergebnissen aus der Literatur verglichen.

2 Stand der Kenntnisse

2.1 Lösungsmethoden in der Umformtechnik

Zur Berechnung eines Umformvorgangs wurden zunächst analytische Formeln angewendet. Eine strenge Lösung der plastizitätstheoretischen Grundgleichungen ist bei der Behandlung realer Probleme meist nur durch erhebliche Vereinfachungen der Aufgabenstellung möglich. Die Lösungsmethoden, die zu dieser Gruppierung gehören, sind beispielsweise Gleitlinientheorie und elementare Theorie.

Die Gleitlinientheorie stellt eine analytische Methode dar, die eine geschlossene Lösung liefert. Die Methode vereinfacht die Behandlung des Spannungsfeldes dadurch, daß sich die gekoppelten Differentialgleichungen des Spannungsfeldes längs gewisser Kurven entkoppeln [2]. Diese Kurven sind, physikalisch gesehen, Linien maximaler Schubspannungen und werden Gleitlinien genannt. Die Gleitlinientheorie läßt sich graphisch interpretieren und ist daher besonders einfach. Aufgrund der Vereinfachungen und der aufwendigen mathematischen Aufbereitung hat jedoch die Gleitlinientheorie heute durch die Entwicklung neuer numerischer Methoden zur Lösung der Spannungs- und Formänderungszustände an Bedeutung verloren.

Die bekannteste und bis heute eingesetzte analytische Methode ist die elementare Theorie, die in erster Linie auf Siebel [71] und Sachs [72] zurückgeht. Diese Verfahren sind dadurch gekennzeichnet, daß starke Vereinfachungen bezüglich der Geschwindigkeits- und Spannungsverteilung im zu untersuchenden Werkstück notwendig sind. Daher sind sie nicht zur Berechnung örtlicher Größen, wie Formänderungen und Spannungen geeignet, aber Abschätzungen über globale Größen wie Kraft- oder Leistungsbedarf für einen Umformvorgang können mit der elementaren Theorie mit teilweise guter Genauigkeit gemacht werden. Daher ermöglicht die elementare Theorie vereinfachte Lösungen von üblichen Umformproblemen für die Praxis. Ihr Hauptziel ist die Vorausberechnung des Kraft- und Leistungsbedarfs bei Umformverfahren [71]. Lippmann [76] hat die elementare Theorie anhand von Grundmodellen wie Streifen-, Scheiben- und Röhrenmodell auch unter Einschluß von Trägheitskräften vereinheitlicht. Die elementare Theorie beschreibt das Werkstoffverhalten im plastischen Zustand nur durch das Fließkriterium und durch die Volumenkonstanz und ist daher unvollständig, da die Fließregel (Stoffgesetz) fehlt. An die Stelle der Fließregel tritt die kinematische Vorgabe der Umformmodelle, welche mit der Praxis nur beschränkt übereinstimmt. Obwohl die elementare Theorie nutzbare und annehmbare Ergebnisse liefert, wird sie wegen oft nicht ausreichender Genauigkeit und Fehlen örtlicher Informationen durch andere leistungsfähigere Methoden nach und nach ersetzt.

Das Schrankenverfahren arbeitet mit einem von Fall zu Fall vorgeschätzten Geschwindigkeitsfeld (obere Schranke) oder Spannungsfeld (untere Schranke). Mit Hilfe von angenommenen, zulässigen Geschwindigkeits- und Spannungsfeldern können Werte für die Umformkräfte ermittelt werden, die von den wirklich auftretenden Kräften nicht über- bzw. unterschritten werden. Das obere Schrankenverfahren liefert den Ausgangspunkt für starr-plastische und starr-viskoplastische Formulierungen für die Finite-Elemente-Methode.

Erst mit der rasanten Entwicklung der elektronischen Datenverarbeitung war es ab Ende der sechziger Jahre sinnvoll, die numerischen Näherungsmethoden zur Simulation von Umformvorgängen einzusetzen. Erst mit der Verfügbarkeit der elektronischen Rechenanlagen wurde es möglich, die bereits vorliegenden Ansätze der höheren Plastizitätstheorie mit Hilfe von numerischen Verfahren zur Lösung eines realen Umformvorgangs anzuwenden. Die wichtigen numerischen Methoden, die mehr oder weniger häufig in der Umformtechnik angewendet werden, sind die Finite-Differenzen-Methode (FDM), die "Boundary-Element-Method" (BEM) und die Finite-Elemente-Methode (FEM).

Die FDM ist ein numerisches Lösungsverfahren, das der FEM ähnlich ist. Die FDM vertritt eine Näherung, die auf einen lokalen und diskontinuierlichen Ansatz mit der Gewichtskollokation basiert. Aufgrund der einfacheren Formulierung hat diese Lösungsmethode den Vorteil im Rechenaufwand aber den Nachteil von Einbußen in der Genauigkeit. Ein wesentliches Problem bei der FDM ist die Berücksichtigung der kinematischen und statischen Randbedingungen, die aufgrund des Finiten-Differenzen-Netzes auf beliebigen Rändern schwer zu erfüllen sind [9]. Dies führt zu einer Modifizierung der FDM, die als "Finite-Difference-Energy-Method" (FDEM) bezeichnet und von Bushnell [80,81] vorgeschlagen wurde. Ein Vorteil der FDM ist eine effektive Koeffizientenmatrix, die aus der einfachen Energieintegration entsteht.

Die BEM sucht eine Testfunktion so, daß die Gleichung mit vorgegebenen Bedingungen am Rand automatisch erfüllt wird. Ein Vorteil von BEM ist die Leistungsfähigkeit gegenüber der FEM, wenn für Probleme mit Spannungs-konzentration eine bessere Lösungsgenauigkeit verlangt wird [82]. Ein wesentlicher Nachteil der BEM ist die Gültigkeit nur bei linearen Problemen. Koizumi et.al.[83] haben zur Simulation eines Wärmeleitungsproblems, Hoffmann [84] und Su [102] zur Berechnung belasteter Umformwerkzeugen die BEM eingesetzt.

2.2 Finite- Elemente-Methode (FEM) in der Umformtechnik

In der FEM sind seit den sechziger Jahren große Fortschritte gemacht worden und zwar zur Analyse in der Strukturmechanik. Aufgrund der charakteristischen Merkmale der Umformtechnik, von welchen die materiellen und geometrischen Nichtlinearitäten besonders hervorzuheben sind, und aufgrund des daraus entstehenden hohen Rechenaufwandes, fand die FEM in der Umformtechnik bis zum Ende der sechziger Jahre kaum bzw. keine wirtschaftliche Verwendung. Danach hat sich die FEM gegenüber anderen numerischen Methoden als sehr leistungsfähig erwiesen und ist mit der Einführung der schnellen Rechenanlagen auch in der Praxis praktikabel geworden.

In der Umformtechnik sind zwei Vorgehensweisen gebräuchlich : ein elasto-plastisches Verfahren und ein starr-plastisches Werkstoffmodell.

Anfänglich haben beispielsweise die Autoren [20,21,22] versucht, elastisch-plastische Probleme mit FEM zu lösen. In diesen Arbeiten wurden auch die Probleme behandelt, bei denen plastische Dehnungen in der Größenordnung der elastischen Dehnungen liegen. Daraus folgt, daß die finiten Elemente eine sehr kleine Formänderung erfahren, so daß die ursprüngliche Geometrie und damit ursprüngliche Steifigkeiten in der Rechnung verwendet werden konnten.

Das starr-plastische Werkstoffmodell wurde von Lung [45] sowie Lee und Kobayashi [46] in finiten Elementen formuliert. Dabei wurde die elastische Formänderung vernachlässigt, weil der plastische Anteil der gesamten Formänderung im Vergleich zu der elastischen sehr groß ist. Diese Vereinfachung ist dann unzulässig, wenn die plastischen Formänderungen klein sind und Eigenspannungen von Interesse sind [26]. Da bei realen Umformvorgängen die elastischen Formänderungen in der Regel sehr klein sind, empfiehlt sich die Anwendung eines starr-plastischen Werkstoffmodells, um den numerischen Aufwand zu verringern.

Zahlreiche Anwendungen des starr-plastischen Verfahrens auf ebene bzw. axialsymmetrische Umformvorgänge sind von mehreren Autoren vorgenommen worden. Von Kobayashi [47] wurden Zylinderstauchen, Anstauchen und Ringstauchen in der Massivumformung berechnet. Chen und Kobayashi [49] haben die Simulation des Ringstauchens durchgeführt, um den Reibungseinfluß mit einem Vergleich der numerisch und experimentell ermittelten Ergebnisse zu untersuchen. Roll [25] hat mit dem Programm PLADAN Beispiele wie Gesenkschmieden,

Stauchen, Voll-Vorwärts-Fließpressen und Napf-Rückwärts Fließpressen gerechnet. Von Rebelo [50] wurde versucht, eine thermo-mechanische Theorie der Deformation mit internen Variablen in die starr-viskoplastische Formulierung zu implementieren. Dadurch wurde eine einfache thermo-mechanische Kopplung bei der Umformtechnik in FEM implementiert. Mahrenholtz et.al.[51] und Westerling [52] stellten ein zweidimensionales Verfahren zur Berechnung von Spannungen, Formänderungen und Temperaturen vor, das auf dem Levy-Misesschen Werkstoffmodell aufbaut und zur Temperaturrechnung mit der FDM koppelt. Es werden zunächst mit Hilfe der FEM die plastischen Formänderungen und die daraus resultierende dissipierte Arbeit bestimmt und mit diesen Daten anschließend, unter Verwendung der FDM, die örtlichen Temperaturen berechnet. Oh et.al.[87] haben ebene und axialsymmetrische Umformvorgänge mit einem automatischen Remeshing-Modul im Programm DEFORM simuliert.

Auf dreidimensionale Umformvorgänge haben Webster und Davis [53] die FEM angewendet. Sie untersuchten das stationäre Strangpressen von runden zu quadratischen Schaftquerschnitten. Die Formulierung des Stoffgesetzes erlaubt die Einbeziehung der aktuellen Temperaturverteilung in die Berechnungen, wobei Wärmeübergänge an Rändern unberücksichtigt blieben. Mori und Osakada [54] haben erste dreidimensionale Untersuchungen zum Walzen durchgeführt. Die Untersuchung ging von vereinfachten 8-Knoten Hexaederelementen aus, mit denen ausreichend genaue Ergebnisse erzielt wurden. Von Gerhardt [26] wurde das thermomechanische Kopplungskonzept von Rebelo [50] für ein dreidimensionales Verfahren formuliert und in das FE-Programm PLADAN implementiert. Da bei der Implementierung von Gerhardt noch Kontaktmodul und somit Wärmeübergang am Systemrand fehlten, konnten nur einfache Beispiele wie Quaderstauchen mit isothermen Randbedingungen berechnet werden. Aufbauend auf dem Verfahren von Gerhardt hat Kang [57] dreidimensionale Umformvorgänge mit Wärmeleitung und -strahlung beim Warmumformen berechnet.

2.3 Kontaktproblem in der FEM

Kontaktprobleme existieren in fast allen ingenieurmäßigen Anwendungen. Diese können aus einem reibungslosen Kontakt mit kleiner Formänderung bei einem elastischen Ansatz bis zu einem allgemeinen reibungsbehafteten Kontakt mit großen Formänderungen bestehen. In der numerischen Simulationstechnik stellen Kontakt und Reibung eine besondere Problematik dar, da beide Mechanismen in der Regel sehr kompliziert und nicht linear sind. Die Oberflächenteile, an denen Kontakte auftreten, ändern sich ständig im Laufe der Umformprozesse und sind daher *a priori* nicht bekannt. Die genaue Ermittlung der wechselnden Kontaktstellen und die mechanische und thermische Behandlung der Kontakte im gesamten Lösungsweg waren daher wichtige Bereiche vieler Forschungsaktivitäten. Eine genaue Beschreibung des Kontaktvorgangs ist jedoch nicht möglich bzw. nur mit einem erheblichen Aufwand möglich. Zur Lösung eines Kontaktproblems wurden in der Simulationstechnik mit der FEM seit früheren Arbeiten [30-33] zahlreiche Forschungsarbeiten durchgeführt und verschiedene Lösungswege vorgestellt.

Zur Lösung eines mechanischen Kontaktes stehen mehrere bekannte Methoden zur Verfügung ; Direkte Methode, Lagrange-Multiplikator-Methode, Penalty-Methode, Perturbed-Lagrange-Methode und Augmented-Lagrange-Methode.

Bei der direkten Methode werden die Kontaktbedingungen direkt in das FE-Gleichungssystem eingearbeitet und die Lösungen durch "trial and error" Methode iterativ gesucht. Die Lagrange-Multiplikator-Methode stellt sich als ein klassisches Verfahren dar, das durch die Einführung einer zusätzlichen Variablen (Lagrange-Multiplikator) die Zwangsbedingung an den vorgeschriebenen Stellen exakt erfüllt. Bei dem mechanischen Kontaktproblem entspricht der Lagrange-Multiplikator dem Kontaktnormaldruck an der Kontaktstelle. Nachteile bei der Lagrange-Multiplikator-Methode sind die Erhöhung der Gesamtzahl der unbekannten Variablen und die spezielle Behandlung des indefiniten Gleichungssystems bei der Lösungs. Hughes u.a [34,35,36] haben die Lagrange-Multiplikator-Methode in verschiedenen Analysen verwendet.

Eine Alternative zu der Lagrange-Multiplikator-Methode ist die Penalty-Methode, wobei die vorgeschriebenen Zwangsbedingungen nicht mehr exakt sondern in abgeschwächter Form erfüllt werden. Die Penalty-Methode hat den Vorteil, daß die Kontaktbedingungen an Kontaktstellen keine zusätzliche Variable bedeuten und damit die Größe des Gleichungssystems nicht erhöht wird. Die Lösungen werden jedoch sehr stark von einem gewählten Penalty-Parameter beeinflußt und dadurch besteht die Gefahr, daß die Lösung bei einem kleineren Penalty-Parameter zu ungenau wird oder die Rechnung bei einem größeren Penalty-Parameter zu einer numerischen Schwierigkeit führt. Aufgrund der o.g. Vorteile ist die Penalty-Methode ein heute sehr häufig verwendetes Verfahren bei Kontaktproblemen. Oden und Kikuchi [37,38,39] sowie Hallquist [40] haben die Penalty-Methode zur Lösung der Kontaktprobleme erfolgreich angewendet.

Die Perturbed-Lagrange-Methode kann als eine Verallgemeinerung der Lagrange-Multiplikator-Methode verstanden werden, in der ein zusätzlicher Penalty Term zu der Variationsgleichung addiert wird. Der zusätzliche Penalty-Term dient dazu, daß das klassische Lagrange-Funktional regularisiert wird, d.h. die Diagonale der Struktursteifigkeitmatrix positiv definit ist. Die klassische Lagrange-Multiplikator-Methode wird dann als ein Grenzfall betrachtet werden, während die Penalty-Methode durch die Auflösung nach dem Kontaktnormaldruck und Eliminieren aus der Gleichgewichtsgleichung gewonnen wird. Die Penalty- und Perturbed-Lagrange-Methode liefern nur Näherungslösungen zu dem betrachteten Problem, und die Lösung ist sehr empfindlich gegen den Penalty-Parameter.

Bei der Augmented-Lagrange-Methode wird das Funktional aus dem Lagrangeschen Funktional dadurch gewonnen, daß der Lagrange-Multiplikator durch einen Penalty-Faktor zusätzlich gezwungen wird. Dabei wird der korrekte Lagrange-Multiplikator ausgehend von einer festen Abschätzung durch Addition (Augmentation) iterativ bestimmt. Wriggers [90] hat die Augmented-Lagrange-Methode zur Berechnung flächenhafter Kontakte und Simo [103] zur Lösung von Kontaktproblemen mit Reibung angewendet.

2.4 Wärmehaushalt bei Massivumformverfahren

Im Hinblick auf die reproduzierbare Umformtechnik [1] spielt der Wärmehaushalt in der Massivumformung eine entscheidende Rolle dadurch, daß sich die Umformvorgänge aufgrund der lokalen Wärmeeinwirkung (Erhitzung oder Abkühlung) erheblich ändern. Nach Sevillano et.al.[78] sind bei Umformgeschwindigkeiten oberhalb von $\dot{\varepsilon} = 0,1/s$ im Zugversuch selbst bei Versuchsführungen mit Kühlung im bewegten Wasserbad keine näherungsweise isothermen Bedingungen mehr einstellbar. Anders als bei der Blechumformung treten in den Massivumformvorgängen, z.B. Freiform- und Gesenkschmieden und Strangpressen, im allgemeinen große plastische Formänderungen auf, und nahezu alle plastische Arbeit (ca.85% bei der Kaltumformung und ca.97% bei der Warmumformung [77]) wird in Wärme umgesetzt, sodaß örtliche Temperaturerhöhungen, die im Prinzip nicht homogen sind, zustande kommen. Auf der anderen Seite fließt die Wärme durch die Kontaktstelle (Wärmeübergang), strahlt und konvektiert an kontaktfreien Oberflächenteilen (Wärmestrahlung und -konvektion). Eine sehr wichtige Wärmequelle ist die Reibarbeit an Kontaktstellen. Die Temperaturerhöhung aus der Reibarbeit kann z.B. bei einem Profilstrangpressen zu einem lokalen Aufschmelzen des Strangs an dünnen Profilstellen führen.

Pohl [55] hat ein Verfahren zur näherungsweisen Berechnung der Wärmeentwicklung und der Temperaturverteilung beim Kaltstauchen von Metallen entwickelt. Zur Berechnung approximierter Lösung hat er eine analytische Formel für Temperaturerhöhung aufgrund der dissipierten Formänderungsarbeit angegeben. Von Akeret [56] wurden die Temperaturwerte beim Strangpreßverfahren punkt-, bzw. zellenweise numerisch bestimmt. Durch das sogenannte Scheibenmodell konnten die Wärmeerzeugung und der Wärmetransport durch die Blockverschiebung einerseits und der Wärmeübergang in die Werkzeuge andererseits getrennt berechnet werden. Rebelo [50] hat die FEM zur Bestimmung örtlicher Temperaturverteilung mit der Kopplung der mechanischen Deformation eingesetzt. Gerhardt [26] und Kang [57] haben allgemeine dreidimensionale Temperaturverteilungen bei Umformverfahren ohne bzw. mit Wärmeleitung an den Kontaktstellen mit FEM berechnet.

2.5 Plastische Anisotropie

Die Anisotropie ist eine Richtungsabhängigkeit der mechanischen Eigenschaften der Werkstoffe und entsteht meistens aus den Texturstrukturen im Werkstoff, d.h. aus den unterschiedlichen Orientierungen kristallographischer Achsen. Im Bereich der Blechumformung besteht seit langem eine allgemein anerkannte Vorgehensweise zur experimentellen Bestimmung und Beschreibung der plastischen Anisotropie der Blechwerkstoffe [58]. Für den Bereich der Kaltmassivumformung haben sich dagegen bis heute keine vergleichbaren, allgemein anerkannten Methoden und Begriffe durchgesetzt. Es ist aber zu erwarten, daß auch in der Massivumformung die Werkstoffanisotropie vielfältige und praxisrelevante Auswirkungen hat. Die Anisotropie in der Kaltmassivumformung kann den Kraft- und Arbeitsbedarf der Umformverfahren, den Werkstofffluß, die Maßhaltigkeit und die Eigenspannungsverteilung der gefertigten Werkstücke und damit auch deren Gebrauchseigenschaften beeinflussen [59].

Von Hill [8] wurde ein quadratisches Fließkriterium für anisotrope Werkstoffe vorgeschlagen, das durch die Einführung der Anisotropieparameter richtungsabhängige Materialeigenschaften beschreibt. Das Fließkriterium von von Mises ist ein Sonderfall des anisotropen Fließkriteriums von Hill. Später wurde von Hill [60] noch ein nicht quadratisches Fließkriterium formuliert, um dem anisotropen Fließansatz mehr Flexibilität zu erlauben, wobei vier einfache Varianten des Fließkriteriums für ebene Anisotropie vorgeschlagen wurden. Kobayashi, Caddell und Hosford [61] haben versucht, die vier Varianten von Hill mit experimentellen Daten zu vergleichen. Die Ergebnisse waren akzeptabel und die festgestellte Diskrepanz läßt sich auf die Annahme ebener Anisotropie und einen konstanten Exponent-Wert zurückführen. Hoffman [62] modifiziert das Hillsche quadratische

Fließkriterium durch Hinzufügen linearer Terme in Hauptspannungen, um den Nachteil des Hillschen Kriteriums zu beheben. Mit dem Hoffmanschen Kriterium kann der Unterschied zwischen Zug- und Druckfließgrenze beschrieben werden. Mit der Anwendung des Hoffmanschen Fließkriteriums haben Schellekens und de Borst [63] das plastische Verhalten mit Hilfe der Schalenelemente numerisch untersucht. Durch die Kopplung mit dem Euler-Rückwärts-Algorithmus konnten kleine Fehler und ausreichende Genauigkeit erzielt werden.

Über die anisotrope Verfestigung des Werkstoffs sind u.a. die Arbeiten von Baltov und Sawczuk [91] sowie von Eisenberg und Yen [64] bekannt. Baltov und Sawczuk haben die anisotrope Verfestigung durch die Kombination von kinematischer Verfestigung, Starrkörperrotation und symmetrischer Deformation von Fließflächen berücksichtigt. In ähnlicher Weise wurde von Eisenberg und Yen die anisotrope Verfestigung bei Zug- und Torsionstest durch die Implementierung eines Tensors beschrieben, der die Änderung der Fließfläche in Abhängigkeit von der Formänderungsgeschichte und dem Spannungszustand charakterisiert. Von Haupt und Tsakmakis [92] wurde das anisotrope Materialverhalten durch die lineare kinematische Verfestigung mit Hilfe eines Translationstensors beschrieben.

Betten und Borrmann [65] haben das stationäre Kriechverhalten innendruckbelasteter dünnwandiger Kreiszylinderschalen unter Berücksichtigung des anisotropen Werkstoffverhaltens untersucht. Dazu wurde im Rahmen der Darstellungstheorie tensorwertiger Funktionen eine Materialgleichung vorgeschlagen, die in Verbindung mit einem Kriechgesetz für die Berechnung des Kriechverhaltens axialsymmetrisch belasteter dünnwandiger Kreiszylinderschalen zugrunde gelegt wird. Für einen ebenen Spannungszustand wurde eine Formulierung zur Beschreibung anisotroper Werkstoffe von Betten [18] vorgestellt, die auf dem Hillschen quadratischen Ansatz basiert. Analog zu der senkrechten Anisotropie von Blechen wurde eine Definition der axialen und radialen Anisotropie bei Stäben von Pöhlandt und Oberländer [59] vorgeschlagen, die für die Beschreibung von Kaltmassivumformvorgängen herangezogen werden kann.

3 Theoretische Grundlagen

3.1 Das starr-plastische Stoffgesetz nach Levy-Mises

Die Levi-Misessche Plastizitätstheorie geht davon aus, daß bei Umformungen metallischer Werkstoffe der plastische Anteil der gesamten Formänderung im Werkstück so hoch ist, daß der elastische Anteil ohne nennenswerte Einbußen der Genauigkeit in der Beschreibung vernachlässigt werden kann.

Aus dem Prinzip der größten Dissipationsleistung ergibt sich die Theorie des plastischen Potentials [8,66]. Danach stellt sich der tatsächliche Spannungszustand σ_{ij} bei einem vorgegebenen Formänderungsinkrement $d\varepsilon_{ij}$ so ein, daß die dissipierte plastische Arbeit

$$dW = \tilde{\sigma}_{ij}\, d\varepsilon_{ij} \tag{3.1}$$

maximal wird. Dabei bedeutet $\tilde{\sigma}_{ij}$ einen plastischen Spannungszustand, der vom tatsächlichen Spannungszustand σ_{ij} abweicht und wie beim tatsächlichen die Fließbedingung erfüllt.

Ein plastischer Körper hat ein plastisches Fließpotential Φ , das allein eine Funktion des Spannungszustandes ist,

$$\Phi = f\left(\sigma_{ij}\right) = const. \quad \text{(idealplastisch)}. \tag{3.2}$$

Der plastische Werkstoff muß bei der Formänderung sein Fließpotential auf gleicher Höhe halten. Einem virtuellen Potentialzuwachs begegnet er so, daß er diesen durch die plastische Formänderung kompensiert. Ein virtueller Zuwachs des Fließpotentials hat die Form,

$$\delta\Phi = \frac{\partial\Phi}{\partial\sigma_{ij}}\,\delta\sigma_{ij} \; . \tag{3.3}$$

Der Vergleich zwischen der virtuellen Änderung der dissipierten Arbeit und dem Potentialzuwachs wird mit der Einführung eines Proportionalitätsfaktors $d\lambda$ vorgenommen,

$$d\varepsilon_{ij} = \frac{\partial \Phi}{\partial \sigma_{ij}} \, d\lambda \ . \tag{3.4}$$

Dieser Ausdruck ist als die Fließregel bekannt. Der skalare Proportionalitätsfaktor $d\lambda$ hängt vom Fließpotential und vom Formänderungsgeschehen ab. Der Ausdruck (3.4) läßt sich nach [2] mit dem Spannungsdeviator darstellen und nimmt damit die v.Mises angegebene und in der Plastomechanik bevorzugt verwendete Form der Fließregel an :

$$d\varepsilon_{ij} = \sigma'_{ij} \, d\lambda \ . \tag{3.5}$$

Von Mises benutzte die Volumenkonstanz als Voraussetzung und entlehnte die Struktur der Fließregel der Mechanik zäher Flüssigkeiten. Betrachtet man die Fließregel für ein Zeitinkrement dt , so folgt

$$\dot{\varepsilon}_{ij} = \sigma'_{ij} \, \dot{\lambda} \tag{3.6}$$

$$\text{mit} \quad \frac{d\varepsilon_{ij}}{dt} = \dot{\varepsilon}_{ij} \qquad \text{und} \quad \frac{d\lambda}{dt} = \dot{\lambda}.$$

Bei dem v.Misesschen Modell läßt sich das Fließkriterium unmittelbar d.h. $\dot{\lambda} = \sqrt{\dfrac{\dot{\varepsilon}_{ij}\dot{\varepsilon}_{ij}}{2I_2^\sigma}}$ (s. Anhang), in die Fließregel einbauen. Dann gilt für den Proportionalitätsfaktor $\dot{\lambda}$ mit $I_2^\sigma = \dfrac{1}{3} k_f^{\,2}$ (Huber-Mises-Kriterium [2]),

$$\dot{\lambda} = \frac{\sqrt{\dfrac{3}{2}\,\dot{\varepsilon}_{ij}\,\dot{\varepsilon}_{ij}}}{k_f} \tag{3.7}$$

und damit lautet die Levy-Mises Gleichung (3.6)

$$\dot{\varepsilon}_{ij} = \frac{\sqrt{\dfrac{3}{2}\,\dot{\varepsilon}_{ij}\,\dot{\varepsilon}_{ij}}}{k_f}\,\sigma'_{ij} \tag{3.8}$$

und mit $\dot{\varepsilon}_v = \sqrt{\dfrac{2}{3}\,\dot{\varepsilon}_{ij}\,\dot{\varepsilon}_{ij}}$ schließlich

$$\dot{\varepsilon}_{ij} = \frac{3\dot{\varepsilon}_v}{2k_f}\,\sigma'_{ij} \quad \text{bzw.} \quad \sigma'_{ij} = \frac{2k_f}{3\dot{\varepsilon}_v}\,\dot{\varepsilon}_{ij} \ . \tag{3.9}$$

3.2 FE Formulierung eines Umformvorgangs mit dem starr-plastischen Stoffgesetz

Bei der Umformung metallischer Werkstoffe gibt es nach [89] drei Arten der Nichtlinearitäten :

a) materielle bzw. physikalische Nichtlinearität. Ein nichtlineares Verfestigungsverhalten eines Werkstoffs führt zu der nichtlinearen Beziehung zwischen Formänderungen und Spannungen.

b) kinematische bzw. geometrische Nichtlinearität. Große Verschiebungen und große Formänderungen verursachen die nichtlineare Beziehung zwischen Formänderungen und Verschiebungen.

c) Nichtlinearität in Randbedingungen. Randbedingungen in einem Umformverfahren bleiben in der Regel nicht konstant. Wechselnde Kontaktbedingungen beispielsweise müssen an jedem aktuellen Zeitpunkt im Lösungsprozeß berücksichtigt werden.

In der starr-plastischen Formulierung geht die kinematische Nichtlinearität über eine Geschwindigkeitsformulierung ein. Das erhöht die Stabilität der Methode und vereinfacht den numerischen Lösungsprozeß.

3.2.1 Extremalprinzipien

Analog zum Extremalprinzip in der Elastizitätstheorie stehen zwei entsprechende Extremalprinzipien zur Beschreibung eines starr-plastischen Werkstoffes, der unter vorgegebenen Randbedingungen umgeformt wird, zur Verfügung. Das sind:

a) Das Prinzip der unteren Schranke : σ_{ij}^{*} sei ein statisch zulässiges Spannungsfeld, das im Volumen V die Gleichgewichtsbedingungen sowie das Fließkriterium und auf der Teilfläche S_{σ} der Oberfläche S die Spannungsrandbedingungen erfüllt. Dann gilt mit v_i als dem wahren Geschwindigkeitsfeld, dessen Randbedingungen auf S_v vorgeschrieben sind, und dem wahren Spannungsfeld σ_{ij} ,

$$\int_{S_v} v_i\, \sigma_{ij}\, n_j\, dS \geq \int_{S_v} v_i\, \sigma_{ij}^{*}\, n_j\, dS \qquad (3.10)$$

Wenn die Oberflächenleistung auf S_σ auf beiden Seiten aufaddiert wird, dann gilt

$$P_s = \int_S v_i \, \sigma_{ij} \, n_j \, dS \geq \int_S v_i \, \sigma_{ij}^* \, n_j \, dS = P_s^* . \tag{3.11}$$

Dieses Prinzip sagt aus, daß unter allen statisch zulässigen Spannungsfeldern das wahre Spannungsfeld die Oberflächenleistung zu einem Maximum macht.

b) Das Prinzip der oberen Schranke: Wenn v^* ein kinematisch zulässiges Geschwindigkeitsfeld ist, welches die Inkompressibilität und die Geschwindigkeitsrandbedingung auf S_u erfüllt, folgt aus dem Prinzip der virtuellen Leistung

$$\int_V \sigma_{ij} \, \dot{\varepsilon}_{ij} \, dV = \int_S n_i \, \sigma_{ij} \, v_j^* \, dS . \tag{3.12}$$

Nach dem Prinzip der maximalen Umformleistung [25] ist

$$\sigma_{ij}^* \, \dot{\varepsilon}_{ij}^* \geq \sigma_{ij} \, \dot{\varepsilon}_{ij}^* . \tag{3.13}$$

Damit wird Gl. (3.12) zu

$$\int_V \sigma_{ij}^* \, \dot{\varepsilon}_{ij}^* \, dV \geq \int_S n_i \, \sigma_{ij} \, v_j^* \, dS \tag{3.14}$$

und mit $S = S_F + S_U$ und $v_j^* = v_j$ auf S_U schließlich zu

$$\int_V \sigma_{ij}^* \, \dot{\varepsilon}_{ij}^* \, dV - \int_{S_F} n_i \, \sigma_{ij} \, v_j^* \, dS \geq \int_{S_U} n_i \, \sigma_{ij} \, v_j \, dS . \tag{3.15}$$

Das Prinzip der oberen Schranke verlangt, daß unter allen kinematisch zulässigen Geschwindigkeitsfeldern das wahre Geschwindigkeitsfeld das Funktional zu einem Minimum macht.

Für die meisten Umformverfahren ist es schwierig, eine gute untere Schranke zu finden. Daher wird das Prinzip der oberen Schranke in den meisten Fällen benutzt [2]. Obwohl die Genauigkeit der Lösungen bei diesem Prinzip beeinträchtigt ist, hat die obere Schranke eine größere Bedeutung als die untere Schranke, da bei der oberen Schranke das wahre Geschwindigkeitsfeld das Funktional zu einem Minimum macht und damit die zur Umformung benötigte Mindestlast abgeschätzt werden kann [2].

3.2.2 Variationsformulierung zur Berechnung der plastischen Formänderungen im Werkstück.

Nach dem Prinzip der oberen Schranke wird der Extremalausdruck für einen Körper mit dem Volumen V, der sich plastisch verformt, wie folgt formuliert:

$$\pi = \int_V \sigma_{ij} \dot{\varepsilon}_{ij}\, dV - \int_S n_i\, \sigma_{ij}\, v_j\, dS \to stat. \qquad (3.16)$$

Mit Hilfe des Satzes von der maximalen Umformleistung [8,25] läßt sich Gl.(3.16) in

$$\pi = \int_V k_f\, \dot{\varepsilon}_v\, dV - \int_S n_i\, \sigma_{ij}\, v_j\, dS \to stat. \qquad (3.17)$$

überführen.

Bei der Diskretisierung von Gl.(3.17) in finiten Elementen zeigt sich, daß es nicht möglich ist, Geschwindigkeitsansätze zu finden, die volumenkonstant und gleichzeitig drehinvariant bzw. vollständig sind [25]. Die Inkompressibilitätsbedingung, die eine Nebenbedingung darstellt, muß deshalb dem Funktional zugefügt werden. Dies geschieht entweder mit Hilfe der Lagrange-Parameter-Methode oder mit Hilfe der Penalty-Methode.

a) Lagrange-Parameter-Methode.

Gl. (3.17) wird mit der Einführung des Lagrangeschen Parameters zu

$$\pi' = \int_V k_f\, \dot{\varepsilon}_v\, dV + \int_V \sigma_m\, \dot{\varepsilon}_{ii}\, dV - \int_S n_i\, \sigma_{ij}\, v_j\, dS \to stat. \qquad (3.18)$$

mit dem Lagrangeschen Multiplikator σ_m, der hier der mittleren Spannung entspricht.

Durch Variation nach v und σ_m wird Gl.(3.18) zu

$$\frac{\partial \pi'}{\partial v} = \frac{\partial}{\partial v} \int_{V} k_f \, \dot{\varepsilon}_v \, dV + \frac{\partial}{\partial v} \int_{V} \sigma_m \, \dot{\varepsilon}_{ii} \, dV - \int_{S} n_i \, \sigma_{ij} \, dS = 0$$

$$\frac{\partial \pi'}{\partial \sigma_m} = \int_{V} \dot{\varepsilon}_{ii} \, dV = 0$$

$$(3.19)$$

b) Mit der Penalty-Methode

$$\pi' = \int_{V} k_f \, \dot{\varepsilon}_v \, dV + \int_{V} \frac{\tau}{2} \dot{\varepsilon}_{ii}{}^2 \, dV - \int_{S} n_i \, \sigma_{ij} \, \mu_j \, dS \rightarrow stat. \qquad (3.20)$$

mit τ Penalty Faktor.

Durch Variation nach v wird Gl.(3.20)

$$\frac{\partial \pi'}{\partial v} = \frac{\partial}{\partial v} \int_{V} k_f \, \dot{\varepsilon}_v \, dV + \frac{\partial}{\partial v} \int_{V} \frac{\tau}{2} \dot{\varepsilon}_{ii}{}^2 \, dV - \int_{S} n_i \, \sigma_{ij} \, dS = 0 \; . \qquad (3.21)$$

In der Gl.(3.18) und Gl.(3.20) stellt das erste Glied die Gestaltänderungsleistung, das zweite Glied die Volumenänderungsleistung und das letzte Glied die Leistung der Oberflächenkräfte dar.

Setzt man in Gl.(3.19) oder Gl.(3.21) die Gleichungen des von Misesschen Stoffgesetzes ein, so erhält man ein in den Geschwindigkeiten nichtlineares Gleichungssystem. Die Lösung dieses Gleichungssystems liefert das Geschwindigkeitsfeld, und die Dehnungsgeschwindigkeiten lassen sich aus dieser Lösung mit Hilfe der bekannten Beziehungen bestimmen.

3.2.3 Diskretisierung in finiten Elementen

Zur Diskretisierung von Gl.(3.19) und Gl.(3.21) in finiten Elementen wird die Verschiebungsgeschwindigkeit v im Element durch die Knotengeschwindigkeiten v_i mit Hilfe der Formfunktion N approximiert.

$$v = N v_i \qquad (3.22)$$

Die Formänderungsgeschwindigkeit $\dot{\varepsilon}$ wird durch die Verzerrungs-Verschiebungsmatrix B mit den Knotengeschwindigkeiten v_i angenähert.

$$\dot{\varepsilon} = B v_i \tag{3.23}$$

Aus dem Levy-Misesschen Stoffgesetz ergibt sich

$$\dot{\varepsilon}_v = \sqrt{\frac{2}{3} \dot{\varepsilon}_{ij} \dot{\varepsilon}_{ij}} \ . \tag{3.24}$$

Mit diesen Ansätzen für die Felder der Verschiebungsgeschwindigkeiten und Formänderungsgeschwindigkeiten werden die Gl.(3.18) und Gl.(3.20) näherungsweise berechnet.

a) Für die Lagrangesch-Parameter-Methode wird Gl.(3.18) zu

$$\pi' = \sum_j^m \left[\int_{V_j} k_f \left(\frac{2}{3} v^T B^T B v \right)^{\frac{1}{2}} dV + \int_{V_j} \sigma_m C^T B v \, dV - \int_{S_j} \sigma^S N^S v^S \, dS \right] = stat. \tag{3.25}$$

wobei

$$\dot{\varepsilon}_V = \sqrt{\frac{2}{3} \dot{\varepsilon}_{ij} \dot{\varepsilon}_{ij}} = \left(\frac{2}{3} v^T B^T C B v \right)^{\frac{1}{2}}$$

C : Vektor zum Verknüpfen der Hauptdehnungen

σ^S : Oberflächenspannung ($\sigma^S = n_i \sigma_{ij}$)

m : Anzahl der Elemete.

Durch Differentiation nach v und σ_m wird Gl.(3.25) zu

$$\frac{\partial \pi'}{\partial v} = \sum_j^m \left[\int_{V_j} \frac{2}{3} k_f \left(\frac{2}{3} v^T B^T B v \right)^{-\frac{1}{2}} B^T B v \, dV + \int_{V_j} \sigma_m C^T B \, dV - \int_{S_j} \sigma^S N^S \, dS \right] = 0$$

$$\tag{3.26}$$

und

$$\frac{\partial \pi'}{\partial \sigma_M} = \sum_j^m \int_{V_j} v^T B^T C \, dV = 0 \ . \tag{3.27}$$

In der Matrixschreibweise läßt sich Gl.(3.26) und Gl.(3.27)

$$\begin{bmatrix} K(v) & Q^T \\ Q & 0 \end{bmatrix} \begin{Bmatrix} v \\ \sigma_m \end{Bmatrix} = \begin{Bmatrix} T \\ 0 \end{Bmatrix} \tag{3.28}$$

mit $\qquad K(v) = \sum_{j}^{m} \int_{V^{(m)}} \frac{2}{3} k_f \left(\frac{2}{3} v^T B^T B v \right)^{-\frac{l}{2}} B^T B \, dV$

$$Q = \sum_{j}^{m} \int_{V^{(m)}} C^T B \, dV$$

$$T = \sum_{j}^{m} \int_{S^{(m)}} N^T \sigma^s \, dS$$

darstellen.

b) Für die Penalty-Methode wird Gl.(3.20) zu

$$\pi' = \sum_{j}^{m} \left[\int_{V^{(m)}} k_f \left(\frac{2}{3} v^T B^T B v \right)^{\frac{l}{2}} dV + \right.$$

$$\left. \frac{\tau}{2} \int_{V^{(m)}} C^T B v \, v^T B^T C \, dV - \int_{S^{(m)}} v^T N^T \sigma^s \, dS \right] \rightarrow stat. \tag{3.29}$$

Durch Differentiation nach v wird Gl.(3.29)

$$\frac{\partial \pi'}{\partial v} = \sum_{j}^{m} \left[\int_{V^{(m)}} \frac{2}{3} k_f \left(\frac{2}{3} v^T B^T B v \right)^{-\frac{l}{2}} B^T B v \, dV + \right.$$

$$\left. \int_{V^{(m)}} B^T C \, \tau \, C^T B v \, dV - \int_{S^{(m)}} N^T \sigma^s \, dS \right] = 0 \tag{3.30}$$

In der Matrixschreibweise ist Gl.(3.30) dann

$$[[K(v)] + [P]] \{v\} = \{T\} \tag{3.31}$$

mit

$$K(v) = \sum_{j}^{m} \int_{V^{(m)}} \frac{2}{3} k_f \left(\frac{2}{3} v^T B^T B v \right)^{-\frac{l}{2}} B^T B \, dV$$

$$P = \sum_{j}^{m} \int_{V^{(m)}} B^{T} C \, \tau \, C^{T} B \, v \, dV$$

$$T = \sum_{j}^{m} \int_{S^{(m)}} N^{T} \sigma^{s} \, dS \quad .$$

3.2.4 Lösung des Gleichungssytems

Die Gleichungssysteme Gl.(3.28) und Gl.(3.31) sind, bedingt durch das von Misessche Stoffgesetz, in Geschwindigkeiten nichtlinear. Sie lassen sich auf unterschiedliche Weise iterativ lösen. Geeignete Iterationsverfahren sind die direkte Iteration und das Newton-Raphson Verfahren. Im folgenden werden diese Verfahren anhand der Formulierung mit der Lagrangeschen Parameter-Methode erläutert. Für die Formulierung mit der Penalty-Methode ist analog vorzugehen.

a) Lösung mit direkter Iteration:

Bei dem direkten Iterationsverfahren wird angenommen, daß die Gl.(3.28) in einer Iteration linear ist, d.h. $\dot{\varepsilon}_{v}$ in Gl.(3.28) bzw. Gl.(3.31) ist während einer Iteration konstant. Das gesamte Gleichungssystem wird dann linear für die Iteration und kann nach den unbekannten Knotengeschwindigkeiten aufgelöst werden. Der Wert von $\dot{\varepsilon}_{v}$ für eine Iteration wird aus der letzten Iteration übernommen. Dies entspricht in der Lagrangeschen Parameter Methode folgender Matrixbeziehung

$$\begin{bmatrix} K^{(n)} & Q^{T} \\ Q & 0 \end{bmatrix} \begin{Bmatrix} v^{(n+1)} \\ \sigma_{m} \end{Bmatrix} = \begin{Bmatrix} T^{(n)} \\ 0 \end{Bmatrix} \tag{3.32}$$

mit n Iterationsnummer.

Aus der Gl.(3.32) ist ersichtlich, daß ein Anfangswert für $\dot{\varepsilon}_{v}$ vorgegeben werden muß. Als der Anfangswert $\dot{\varepsilon}_{v}^{(0)}$ kann eine starre Grenze (vorgegebene minimale Vergleichsformänderungsgeschwindigkeit) eingesetzt werden. Diese Vorgehensweise bereitet bei der direkten Iteration keine rechentechnische Schwierigkeiten.

$$\begin{bmatrix} K\!\left(\dot{\varepsilon}_{v}^{(0)}\right) & Q^{T} \\ Q & 0 \end{bmatrix} \begin{Bmatrix} v^{(0)} \\ \sigma_{m} \end{Bmatrix} = \begin{Bmatrix} 0 \\ 0 \end{Bmatrix} \tag{3.33}$$

mit $\quad K\!\left(\dot{\varepsilon}_v^{(0)}\right) = \int_V \dfrac{2}{3}\,\dfrac{k_f}{\dot{\varepsilon}_v^{(0)}}\,B^T B\,dV$

$\varepsilon_v^{(0)}$: minimale Vergleichsformänderungsgeschwindigkeit (Starrgrenze)

$v^{(0)}$: resultierendes Anfangsgeschwindigkeitsfeld.

Bei der Lösung eines nichtlinearen Gleichungssystems konvergiert die Rechnung mit der direkten Iteration schnell zu der Lösungsnähe in der Anfangsphase. Im lösungsnahen Bereich aber wird die Konvergenzgeschwindigkeit langsamer. In Bild 3.1 wird das Lösungsverhalten der direkten Iteration für einen Recheninkrement dargestellt.

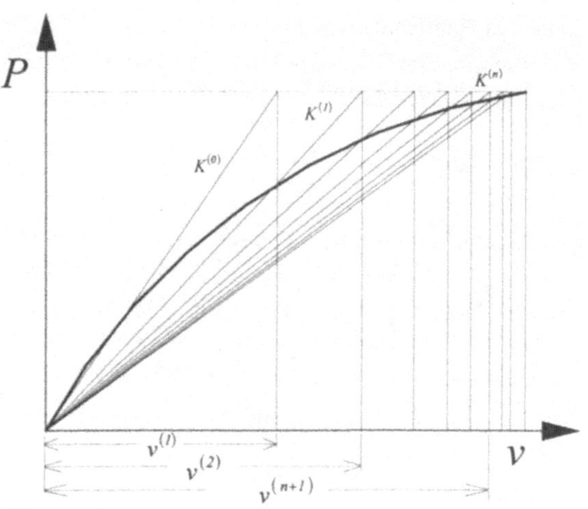

K : Sekantsteifigkeit

P : Umformleistung

v : Verschiebungsgeschwindigkeit

Bild 3.1 : Lösungsverhalten bei der direkten Iterationsmethode

b) Lösung mit Newton-Raphson Interation.

Das Gleichungssystem wird durch Entwicklung um ein angenommenes Geschwindigkeitsfeld und Abbruch nach dem ersten Glied linearsiert

In der Matrixschreibweise ist (3.28) dann

$$\begin{bmatrix} K^{(n)} & Q^T \\ Q & 0 \end{bmatrix} \begin{Bmatrix} \Delta v^{(n+1)} \\ \Delta \sigma_m \end{Bmatrix} = \begin{Bmatrix} T^{(n)} \\ 0 \end{Bmatrix} + \begin{Bmatrix} -H^{(n)} \\ -L^{(n)} \end{Bmatrix} \qquad (3.34)$$

mit $\qquad K^{(n)} = \int_V \dfrac{2}{3} \dfrac{k_f}{\dot{\varepsilon}_v^{(n)}} \left(B^T B - B^T B v^{(n)} \left(B^T B v^{(n)} \right)^T \right) dV$,

$$H^{(n)} = \int_V \dfrac{2}{3} \dfrac{k^f}{\dot{\varepsilon}_v^{(n)}} B^T B \, dV$$

$$L^{(n)} = \int_V v^{(n)T} B^T C \, dV .$$

Das Geschwindigkeitsfeld v kann dabei innerhalb der Iteration nach folgender Vorschrift berechnet werden

$$v^{(n+1)} = v^{(n)} + \Delta v^{(n+1)} \qquad (3.35)$$

mit $\qquad v^{(n)}$ - das Verschiebungsfeld im Iterationsschritt (n) und

$\qquad\quad v^{(n+1)}$ - das Verschiebungsfeld im Iterationsschritt $(n+1)$.

Die Erfahrung hat gezeigt [25], daß die Integrationsvorschrift nach der Gl.(3.35) zu Divergenz neigt, da die Störung zu groß sind. Mit der Einführung des Parameters α wird die Vorschrift modifiziert als

$$v^{(n+1)} = v^{(n)} + \alpha \, \Delta v^{(n+1)} . \qquad (3.36)$$

Durch geeignete Wahl des Parameters α kann Konvergenz erzwungen und beschleunigt werden. Aus den Rechnungen von Roll [25] haben sich folgende Erfahrungswerte ergeben.

$$\text{Startwert} \qquad 0{,}001 < \alpha < 0{,}01$$

$$\left(\pi'^{(n+1)} - \pi'^{(n)} \right) < 0 \rightarrow \alpha^{(n+1)} = 1{,}25 \, \alpha^{(n)}$$

$$\left(\pi'^{(n+1)} - \pi'^{(n)} \right) > 0 \rightarrow \alpha^{(n+1)} = 0{,}1 \, \alpha^{(n)} . \qquad (3{,}37)$$

Ein Problem bei dieser Lösungsstrategie besteht im Finden eines geeigneten Anfangsgeschwindigkeitsfeldes. Wenn das Anfangsgeschwindigkeitsfeld nicht gut (nicht in der Nähe der Lösung) ist, kann die Rechnung nicht konvergieren. Je besser dieses Anfangsgeschwindigkeitsfeld ist, desto weniger Iterationen werden benötigt, um das "richtige" Geschwindigkeitsfeld zu finden. Die Vorgehensweise besteht nun darin, einen linearen Zusammenhang zwischen Spannungsdeviatoren und Formänderungsgeschwindigkeiten anzunehmen [25].

$$\dot{\varepsilon}_{ij} = \frac{\sqrt{3}}{k_f} \sigma'_{ij} \tag{3.38}$$

$$\begin{bmatrix} K^{(0)} & Q^T \\ Q & 0 \end{bmatrix} \begin{Bmatrix} v^{(0)} \\ \sigma_m \end{Bmatrix} = \begin{Bmatrix} 0 \\ 0 \end{Bmatrix} \tag{3.39}$$

mit $\qquad K^{(0)} = \int_V \frac{k_f}{\sqrt{3}} B^T B \, dV$

$v^{(0)}$: resultierendes Anfangsgeschwindigkeitsfeld.

Das damit ermittelte Geschwindigkeitsfeld ist ein gutes Anfangsgeschwindigkeitsfeld für die Iteration. Das in dieser Weise vorgeschätzte Geschwindigkeitsfeld erfüllt sowohl die Inkompressibilitätsbedingung als auch die kinematischen Randbedingungen und ist somit ein im Sinne der oberen Schranke zulässiges Geschwindigkeitsfeld.

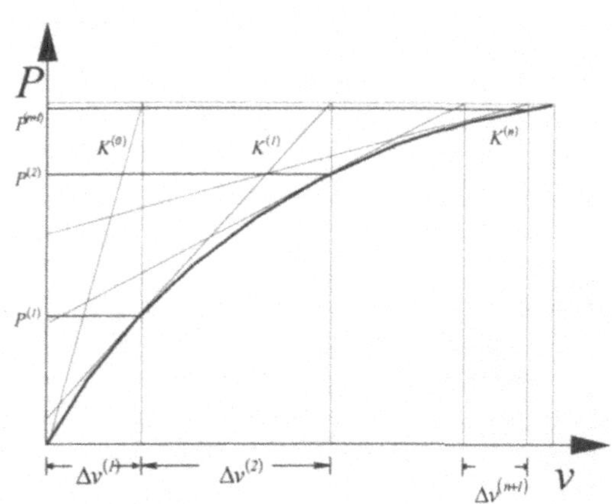

K : Tangentensteifigkeit

P : Umformleistung

Δv : Inkrement der Verschiebungsgeschwindigkeit in einem Lastschritt

Bild 3.2 : Lösungsverhalten bei der Newton-Raphson Iterationsmethode

Als Lösung der Gl.(3.32) oder Gl.(3.34) ergeben sich die Knotenpunktsgeschwindigkeiten, die ausgehend von einem angenommenen

Geschwindigkeitsfeld iterativ verbessert werden, sowie die Lagrange-Parameter, die Formänderungsgeschwindigkeiten und die Spannungen. Als Abbruchkriterium für die Iteration werden die relative Änderung des Funktionals, der Kräfte und der Geschwindigkeiten herangezogen.

Die Verschiebungen und Vergleichsumformgrade in der Struktur werden nun durch Integration der Geschwindigkeiten und Vergleichsformänderungsgeschwindigkeiten bestimmt. Die Integration über die Zeit wird dabei durch eine einfache Summation über alle Zeitinkremente Δt ersetzt:

$$u_i = \int_{t_0}^{t_1} v_i = \sum v_i \, \Delta t \qquad (3.40)$$

und

$$\varepsilon_v = \int_{t_0}^{t_1} \dot{\varepsilon}_v = \sum \dot{\varepsilon}_v \, \Delta t \; . \qquad (3.41)$$

Der instationäre Umformvorgang wird damit durch eine Anzahl quasi-stationärer Inkremente beschrieben.

3.3 Thermische Vorgänge in einem Umformprozeß

Zur Erfassung thermischer Vorgängen in der Umformtechnik werden die Lösungskonzepte basierend auf dem Fourierschen Wärmeleitgesetz vorgestellt. Die üblichen Randbedingungen werden auch entsprechend behandelt. Der Wärmehaushalt bei einem Umformverfahren ist in Bild 3.3 schematisch dargestellt.

Wärmetransport und Wärmeerzeugung sind zusammen mit dem mechanischen Stofffluß wesentliche physikalische Vorgänge, die in einer plastischen Formänderung ablaufen. Obwohl thermische und mechanische Vorgänge ohne zeitlichen Versatz gegenseitig wirkender Phenomena und daher in einem Gleichungssystem simultan behandelt werden müssen, d.h. thermische und mechanische Vorgängen sind gekoppelt, werden in der vorliegenden Arbeit beide Probleme mit einem eigenen Kopplungskonzept getrennt behandelt, da der Aufwand zur Lösung thermomechanischer Probleme bei der simultan gekoppelten Behandlung gegenüber der nicht simultan koppelten hoch ist. Im folgenden werden thermische Vorgänge, die im Programm PLADAT implementiert sind, erläutert.

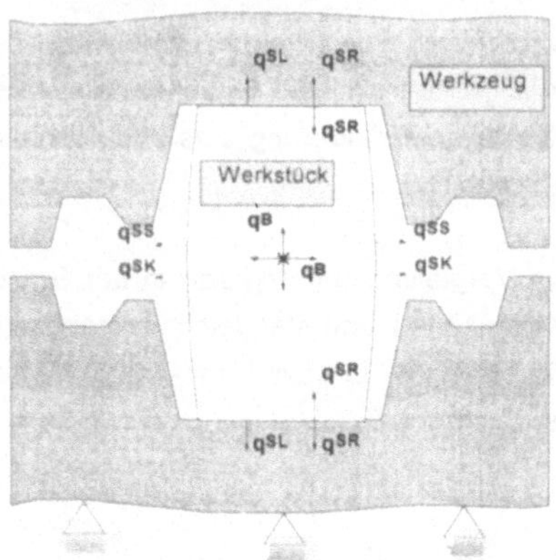

q^{SI} : Wärmeleitung durch den Kontakt

q^{SR} : Wärmefluß aufgrund der Reibung

q^{SS} : Wärmefluß aufgrund der Strahlung

q^{SK} : Wärmefluß aufgrund der Konvektion

q^{B} : Wärmeerzeugung aus der Dissipationsarbeit

Bild 3.3 : Wärmehaushalt bei einem Umvormverfahren

Die Wärme wird im Prinzip durch drei unterschiedliche Mechanismen transportiert: Leitung, Strahlung und Konvektion.

Für die folgende Formulierung wird angenommen, daß

- der betrachtete Körper homogen und isotrop ist,
- die Stoffwerte (die Wärmeleitfähigkeit, die Dichte und die spezifische Wärme) unabhängig vom Druck und von der Temperatur sind,
- die Wärmezufuhr nur durch die Reibung und die plastische Formänderung erfolgt.

Wärmeleitung

An einer Stelle eines festen Körpers, in dem der Wärmeübergang ausschließlich durch Leitung erfolgt, kann der Wärmefluß in einfacher Weise aus der Beschaffenheit des Temperaturfeldes in unmittelbarer Nähe dieser Stelle abgeleitet werden. Die Wärme fließt immer in Richtung des Temperaturgefälles. Die beiden Vektoren, Temperaturgradient und Wärmefluß, liegen daher in einer Gerade jedoch definitionsgemäß mit entgegengesetzten Richtungen. Die Stärke des Wärmeflusses ist dem Temperaturgefälle propotional,

$$q_i = - k_{ij} T_{,j} \qquad (3.42)$$

wobei q_i : Wärmeflußvektor
$T_{,j}$: Temperaturableitung nach momentanen Koordinaten
k_{ij} : Wärmeleitfähigkeitsmatrix

Wärmeleitung wird im Gang gesetzt, wenn der Temperaturunterschied an zwei benachbarten materiellen Punkten vorhanden ist; sie läßt sich in einem eindimensionalen Problem darstellen als

$$q_x = - k \frac{\partial T}{\partial x} \qquad (3.43)$$

Die Gl.(3.42) ist als das Fouriersche Wärmeleitgesetz bekannt und hat Gültigkeit für gewöhnliche Festkörper, Flüssigkeiten und Gase. Der Koeffizient k_{ij} ist die Eigenschaft für einen Materialtransport und heißt üblicherweise die Wärmeleitfähigkeit. Wenn T in Gl.(3.43) eine multidimensionale Funktion ist, läßt sich die Gl.(3.43) in allgemeiner Form ausdrücken als

$$q_i = - k_{ij} \nabla T \qquad (3.44)$$

mit ∇ der Nablaoperator.

Das negative Vorzeichen in den Gleichungen (3.42), (3.43) und (3.44) ist nach dem zweiten thermodynamischen Gesetz notwendig, um die Richtung des Wärmeflusses zur niedrigeren Temperatur hin positiv zu halten.

Wärmestrahlung

Im Gegensatz zu der Wärmeleitung, welche ein Medium benötigt, ist die Wärmestrahlung ein elektromagnetisches Phänomen und propagiert leicht durch das Vakuum mit der Lichtgeschwindigkeit. Jede Oberfläche strahlt die Wärme ab und absorbiert oder reflektiert die einfallende Strahlung. Ein perfekter oder "schwarzer" Körper strahlt maximale Wärme und absorbiert alle Strahlung, die auf den Körper einfällt. Die schwarze Oberfläche dient zur Basis für die Modellierung der Strahlung.

Nach Boltzmann wird die strahlende Wärmeenergie einer schwarzen Oberfläche mathematisch angegeben als [16]

$$E_s = \beta A T^4 \qquad (3.45)$$

wobei E_s : Wärmeenergie in Strahlung,

β : Stefan-Boltzmann Konstante,

A : schwarze Oberfläche und

T : absolute Temperatur der Oberfläche sind.

Reale Oberflächen sind nicht schwarz und somit strahlt nur ein Teil der Strahlungsenergie der schwarzen Oberfläche. Eine einfache Möglichkeit, diesen Sachverhalt in der Formulierung zu berücksichtigen, ist die Einführung eines Parameters, der das Verhältnis der Strahlungsenergie eines realen Körpers zu der des schwarzen Körpers darstellt.

Gl.(3.45) für eine schwarze Oberfläche wird mit der Berücksichtigung des Parameters zu

$$E = \psi E_s = \psi \beta A T^4 \qquad (3.46)$$

Der dimensionslose Parameter ψ ist der Strahlkoeffizient einer Oberfläche und hat einen Wert zwischen 0.0 und 1.0. Die Analyse der Wärmestrahlung zwischen mehreren Oberflächen ist ein komplexer mathematischer Prozeß, und daher wird hier nur die Wärmestrahlung von einer Oberfläche auf eine andere Oberfläche betrachtet. Die vereinfachte Formulierung der Wärmestrahlung setzt voraus, daß eine strahlende Oberfläche eine Temperatur T_1 und ein Strahlungskoeffizient ψ_1, und eine andere Oberfläche eine Temperatur T_2 haben. Der Wärmetransport durch die Strahlung von der Oberfläche 1 zu der Oberfläche 2 kann mathematisch ausgedrückt werden

$$q_{1 \to 2} = \psi_1 \beta A_1 \left(T_1^4 - T_2^4 \right), \qquad (3.47)$$

welche unabhängig von der Größe und den Strahlungskoeffizienten der Umgebung ist. Aufgrund der vierten Ordnung in der Temperatur in der Gl.(3.47) ist die Wärmestrahlung ein wichtiger Wärmeeffekt bei hohen Temperaturunterschieden der Strahloberflächen, z.B. bei einer Halbwarm- bzw. Warmumformung von Metallen. Die Strahlungsrandbedingung wird in der vorliegenden Arbeit mit Hilfe der Gl.(3.47) bei numerischen Lösungen berücksichtigt.

Konvektion

Die geläufige Definition der Konvektion besagt, daß die Wärme durch eine sich in Bewegung befindlichen Flüssigkeit oder ein Gas transportiert wird. Man unterscheidet zwei Konvektionsarten, freie und gezwungene Konvektionen. Bei freier Konvektion ist die Bewegung des Mediums in unmittelbarer Nähe der Oberfläche maßgebend während bei der gezwungenen Konvektion die Strömung des Mediums in der Entfernung wesentlich ist. Mit einer Oberflächentemperatur T_1 und einer Mediumtemperatur T_2 läßt sich die Konvektionswärme nach dem Newtonschen Ansatz darstellen als

$$E_K = h\left(T_1 - T_2\right) \tag{3.48}$$

wobei E_K Konvektionswärme und

h Konvektionskonstante sind.

In realen Konvektionsproblemen ist die Konvektionskonstante h eine Funktion des Ortes auf der Oberfläche, so daß ein Durchschnittswert ermittelt werden kann als [16]

$$\bar{h} = \int_A \frac{1}{A}\, h(A)\, dA. \tag{3.49}$$

Zur Berechnung der Konvektionswärme mit der Gl.(3.48) kann die Konvektionskonstante h durch $\bar{h}$ aus der Gl.(3.49) ersetzt werden.

3.4 FE-Formulierung zur Berechnung des instationären Temperaturfeldes

3.4.1 Die schwache Formulierung

Das Gleichgewicht der Wärme verlangt, daß die Summe der Wärmeflußraten in allen Richtungen gleich der Wärmeerzeugungsrate ist,

$$q_{i,i} = q^B \tag{3.50}$$

mit Randbedingungen

$$T = T^S \quad auf \quad S_1 \ \ und$$

$$-q_i\, n_i = q^S \quad auf \quad S_2,$$

wobei gilt $\qquad q_{i,i} = \dfrac{\partial q_i}{\partial x_i}$

Es sind $\quad q^B \quad$: die Wärmeerzeugungsrate pro Volumeneinheit,

$\qquad\quad S_1 \quad$: die Teiloberfläche, auf der $\ T^S\ $ vorgeschrieben ist,

$\qquad\quad S_2 \quad$: die Teiloberfläche, auf der der Wärmefluß vorgeschrieben ist,

$\qquad\quad S_1 + S_2 = S \ $: die gesamte Oberfläche,

$\qquad\quad n_i \quad$: der Oberflächennormalenvektor.

Aus Gl.(3.50) kann eine schwache Formulierung abgeleitet werden, die angegeben wird als,

$$\int_V \delta T\,(q_{i,i} - q^B)\, dV = 0 \tag{3.51}$$

wobei $\ \delta T\ $ eine beliebige zulässige Variation in der Temperatur darstellt.

Die Wärmeflußrate, mit der die Wärme in einer Volumeneinheit fließt, kann mit Hilfe des Fourierschen Wärmeleitgesetzes angegeben werden als

$$q_{i,i} = \frac{\partial}{\partial x}(q_i) = \frac{\partial}{\partial x}\left(k\,\frac{\partial T}{\partial x}\right) = (k\,T_{,i})_{,i} = q^B \tag{3.52}$$

und somit $\qquad\qquad (k\,T_{,i})_{,i} - q^B = 0\ . \tag{3.53}$

Mit der Verwendung der Variation in Temperatur kann für das gesamte Volumen ausgedrückt werden

$$\int_V \delta T\left((k\,T_{,i})_{,i} - q^B\right) dV = 0\ . \tag{3.54}$$

Durch partielle Integration und Verwendung des Divergenztheorems wird die Gl.(3.54) zu

$$-\int_V \delta T_{,i}\, q_i\, dV - \int_S \delta T\, q_i\, n_i\, dS - \int_V \delta T\, q^B\, dV = 0 \tag{3.55}$$

und mit $\delta T = 0$ auf $\ S_1\ $ und Wärmeflußrandbedingung auf $\ S_2\ $ zu

$$-\int_{V}\delta T_{,i}\, q_i\, dV = \int_{V}\delta T\, q^B\, dV + \int_{S_2}\delta T\, q_i\, n_i\, dS. \tag{3.56}$$

Wenn im Körper während der Zeiteinheit die Temperaturänderung $\dfrac{\partial T}{\partial t}$ (instationär) auftritt, so ist die Rate, mit der die Wärme im Körper gespeichert wird, gleich

$$q^C = dc\dot{T} \tag{3.57}$$

wobei

$\quad d\quad$: Dichte

$\quad c\quad$: spezifische Wärmekapazität

$\quad \dot{T}\quad$: Zeitableitung der Temperatur

Die Wärmespeicherungsrate q^C kann hier als eine Teilmenge von q^B verstanden werden. Beim Übergang von einem stationären zu einem instationären Wärmeleitungsproblem ist demnach q^B in Gl.(3.56) durch $q^B - q^C$ zu ersetzen,

$$-\int_{V}\delta T_{,i}\, q_i\, dV = \int_{V}\delta T\left(q^B - q^C\right)dV + \int_{S_2}\delta T\, q_i\, n_i\, dS. \tag{3.58}$$

Diese Beziehung kann mit Gl.(3.57) überführt werden in

$$\int_{V}\delta \dot{T}\, d\, c\, \dot{T}\, dV - \int_{V}\delta T_{,i}\, q_i\, dV = \int_{V}\delta T\, q^B\, dV + \int_{S_2}\delta T\, q_i\, n_i\, dS. \tag{3.59}$$

Die Gl.(3.59) stellt eine schwache Formulierung dar, die als Grundlage der Berechnung eines instationären Temperaturfeldes dient. Das erste Glied in Gl.(3.59) entspricht der Aufspeicherungsrate der Wärme, das zweite dem inneren Wärmestrom, das dritte dem Quellwärmestrom und das vierte dem Oberflächenwärmestrom.

3.4.2 Diskretisierung in finiten Elementen

Die Finite-Elemente Lösung der Wärmeleitgleichung kann analog zur Diskretisierung der mechanischen Prozedur gewonnen werden. Mit der Annahme, daß der ganze Körper aus einer finiten Anzahl von Elementen zusammengesetzt ist, können analog zur Vorgehensweise beim Prinzip der oberen Schranke die Temperaturen und deren Gradienten approximiert werden,

$$T = N \Theta_i \qquad (3.60)$$

$$T,_i = B \Theta_i \qquad (3.61)$$

wobei T :   Temperatur
       Θ_i :   Knotentemperatur
       N :   Interpolationsmatrix (Formfunktion)
       B :   Temperaturgradient Interpolationsmatrix

Die Teiloberfläche S_2, auf der die Wärmeflußrandbedingungen vorgeschrieben sind, wird in den weiteren Formulierungen einfach durch die Bezeichnung S dargestellt. Mit den Näherungen in Gl.(3.60) und Gl.(3.61) kann die Gl.(3.59) für ein diskretes System ausgedrückt werden,

$$C \dot{\Theta} + K \Theta = Q \qquad (3.62)$$

mit $C = \int_{V} N^T \, d \, c \, N \, dV$

        $K = \int_{V} B^T \, k \, B \, dV$

        $Q = \int_{V} N^T \, q^B \, dV + \int_{S} N^T \, q^S \, dS$.

In q^S sind mehrere Randbedingungen zusammengefaßt,

$$q^S = q^{SL} + q^{SS} + q^{SK} + q^{SF} \qquad (3.63)$$

mit q^{SL} : Wärmefluß durch Leitung
        q^{SS} : Wärmefluß durch Strahlung
        q^{SK} : Wärmefluß durch Konvektion
        q^{SF} : Wärmefluß durch Reibung

Die Wärmeflußrandbedingungen q^{SL} und q^{SK} werden durch das Newtonsche Abkühlungsgesetz ersetzt [17]

$$q^s = q_i \, n_i = \alpha \left(\Theta^s - \Theta^e \right) \qquad (3.64)$$

mit Θ^s : Oberflächentemperatur

          Θ^e : Umgebungstemperatur

          α : Konstante.

Die Strahlungsrandbedingung wird durch die Rechenregel in der Gl.(3.47) berücksichtigt. Damit werden die Wärmeflüsse an der Teiloberfläche S_2 durch

$$q^{SL} = \alpha_L \left(\Theta^s - \Theta^k \right) \qquad (3.65)$$

$$q^{SS} = \alpha_S \left(\left(\Theta^s \right)^4 - \left(\Theta^m \right)^4 \right) \qquad (3.66)$$

$$q^{SK} = \alpha_K \left(\Theta^s - \Theta^m \right) \qquad (3.67)$$

mit α_L : Wärmeübergangszahl für die Leitung

          α_S : Wärmeübergangszahl für die Strahlung

          α_K : Wärmeübergangszahl für die Konvektion

          Θ^s : Oberflächentemperatur

          Θ^k : Temperatur des Kontaktmediums

          Θ^m : Temperatur des umgebenden Mediums

gegeben.

Bei der thermomechanischen Kopplung in der Simulationsrechnung eines Umformverfahrens entspricht die Wärmeerzeugung im Innern der dissipierten Wärme der plastischen Arbeit.

$$\int_V N^T q^B \, dV = \int_V \beta \, N^T k_f \, \dot{\varepsilon}_v \, dV \qquad (3.68)$$

mit β : Anteil der in Wärme umgewandelten Umformarbeit.

So hat Q in der Gl.(3.62) folgende Form,

$$Q = \int_V \beta \, N^T k_f \, \varepsilon_v \, dV + \int_S N^T \alpha_L \left(\Theta^s - \Theta^k \right) dS +$$
$$\int_S N^T \alpha_K \left(\Theta^s - \Theta^m \right) dS + \int_S N^T \alpha_S \left(\left(\Theta^s \right)^4 - \left(\Theta^m \right)^4 \right) dS + \int_S \sigma^s \, v_{ij} \, n_j \, dS . \qquad (3.69)$$

3.4.3 Lösung des Gleichungssystems

Gl.(3.62) ist ein System von mehreren gewöhnlichen Differentialgleichungen. Das Anfangswertproblem sucht eine Funktion $\Theta = \Theta(t)$, die Gl.(3.62) und die Anfangsbedingung

$$\Theta_{t=0} = \Theta_0 \qquad (3.70)$$

erfüllt.

Das bekannteste und meist benutzte Verfahren zur Lösung von Gl.(3.62) ist die verallgemeinerte Trapezregel, die im wesentlichen folgenden Gleichungen entspricht.

$$C \dot{\Theta}^{(n+1)} + K \Theta^{(n+1)} = Q^{(n+1)} \qquad (3.71a)$$

$$\Theta^{(n+1)} = \Theta^{(n)} + \Delta t \, \Theta^{(n+\alpha)} \qquad (3.71b)$$

$$\Theta^{(n+\alpha)} = (1-\alpha) \, \Theta^{(n)} + \alpha \, \Theta^{(n+1)} \qquad (3.71c)$$

wobei α : numerischer Parameter $(0 \le \alpha \le 1)$

falls $\alpha = 0$, Euler-Vorwärts oder explizit

$\alpha \ne 0$, Euler-Rückwärts oder implizit.

Die Stabilität eines Zeitintegrationsverfahrens hängt von der Größe der Zeitschritte ab. Bei der expliziten Zeitintegration ist die Stabilität durch den kritischen Zeitschritt bedingt (bedingt stabil), während bei der impliziten Zeitintegration keine Einschränkung auf den Zeitschritt gegeben ist (unbedingt stabil). In Hughes [23] wird ein Kriterium für den kritischen Zeitschritt bei einem Wärmeleitproblem angegeben als

$$\Delta t \le \frac{c}{\tau} \qquad (3.72)$$

mit c : Konstante

τ : der größte Eigenwert des Gleichungssystems.

Da bei dem Wärmeleitproblem mit dem Netzparameter h

$$\tau = f(h^{-2})\qquad(3.73)$$

ist, kann der kritische Zeitschritt als

$$\Delta t \le const.\ h^2\qquad(3.74)$$

geschrieben werden. Mit der von [95] angegebenen Konstante wird die Ungl.(3.74) zu

$$\Delta t \le 0,5\ (dc\,/\,k)\ h_{min}^2\qquad(3.75)$$

> wobei d : die Dichte
> c : die spezifische Wärmekapazität
> k : die Wärmeleitfähigkeit.

Im Fall $\alpha = 0,0$ (explizit) ist dann effektiv, wenn die Matrix C "lumped (diagonal)" ist. Hinton u.a. [95] haben festgestellt, daß eine Rechnung mit der konsistenten Massenmatrix bei einem dynamischen Problem, die mit der Wärmekapazitätsmatrix in Gl.(3.62) bei einem instationären thermischen Problem vergleichbar ist, nicht immer zu einer besseren Genauigkeit aber immer zu einem größeren Rechenaufwand führt. Da Rechnungen mit der "lumped" Matrix ohne numerische Schwierigkeit für dynamische Strukturprobleme und für instationäre Wärmeleitprobleme erfolgreich durchführbar sind [19] und der Zeitschritt bei einer gekoppelten thermomechanischen Rechnung aufgrund des relativ kleinen Zeitschritts bei der Simulation eines Umformvorgangs kaum Instabilitätsprobleme verursacht, wurden sowohl das explizite als auch das normale implizite Integrationsverfahren zur Lösung der Gl.(3.62) im Programm PLADAT implementiert. Dies bedeutet, daß die Zeitintegration der Gl.(3.62) mit einer diagonalisierten Matrix explizit ($\alpha = 0,0$) oder mit einer konsistenten Matrix ($0,0 < \alpha < 1,0$) implizit in Gl.(3.71) durchgeführt wird.

4   Das Kontaktproblem

Der Kontakt tritt in fast allen technischen Bereichen auf und spielt dabei eine sehr wichtige Rolle, da äußere kinematische und statische Randbedingungen eines mechanischen Systems in Form eines Kontaktes im System berücksichtigt werden müssen. Die exakte und richtige Behandlung des Kontaktes ist insbesondere für numerische Simulationsrechnungen als eine der wesentlichen Voraussetzungen anzusehen. In der Simulation eines Umformprozesses ist der Kontakt besonders kritisch, weil die zur Umformung eines Werkstoffes erforderlichen Kräfte durch den Kontakt eingeleitet werden und die Kontaktstelle über die Prozeßdauer im allgemeinen nicht konstant bleibt, d.h. Kontaktstelle und -größe ändern sich ständig im Laufe der Berechnung. Kontakte bei einem Gesenkschmieden sind exemplarisch im Bild 4.1 dargestellt. Bei dem Schmiedeverfahren ist zu erwarten, daß sich die Kontakte am Anfang des Prozesses erst an Stirnflächen des Werkstücks und mit den fortschreitenden Stauchungen auch auf den Mantelflächen ausbilden.

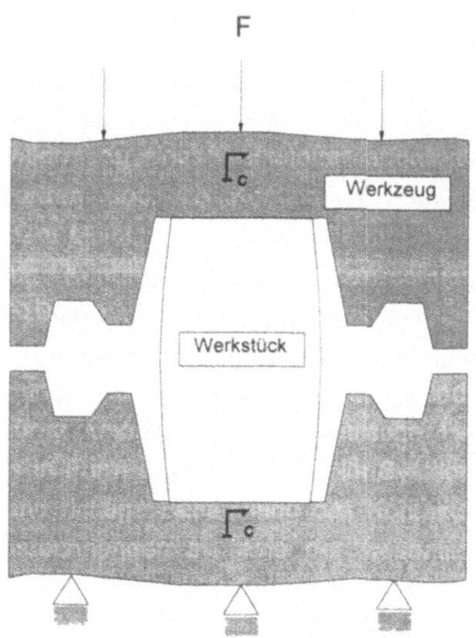

Γ_c : Kontaktstellen

Bild 4.1 :   Schematische Darstellung eines Schmiedeverfahrens
(Formpressen im Gesenk mit Grat, DIN 7583, Bl.3)

4.1 Mechanische Beschreibung eines Kontaktes

Wenn sich Ränder eines Kontinuums oder mehreren Kontinua an bestimmten Stellen berühren, wird ein Kontakt gebildet. Die kontinuumsmechanische Grundzüge bei einem mechanischen Kontakt werden im folgenden behandelt.

Es wird davon ausgegangen, daß die Volumenkräfte vernachlässigt werden und ein Kontaktpartner nicht deformierbar (starr) ist. Das Kräftegleichgewicht und die statischen sowie kinematischen Randbedingungen für den deformierbaren Kontaktpartner lassen sich ausdrücken:

$$\sigma_{ij,j} = 0 \quad \text{in} \quad \Omega ,$$
$$\sigma_{ij,j}\, n_j = s_j \quad \text{auf} \quad \Gamma_F \quad \text{und} \tag{4.1}$$
$$u_i = u_i \quad \text{auf} \quad \Gamma_U ,$$

wobei $\sigma_{ij,j}$ Ableitung der Spannungen, Ω Volumen des betrachteten Kontaktpartners, n_j Normale auf der Oberfläche, s_j bezogene Oberflächenkräfte und u_i vorgeschriebene Verschiebungen auf der Oberfläche sind. Γ_F und Γ_u sind Ränder, auf denen jeweils statische und kinematische Randbedingungen vorgeschrieben sind.

An der Kontaktstelle wirkt zusätzlich noch der Kontaktdruck, der sich folgendermaßen beschreiben läßt:

$$p_n = -\sigma_{ij}\, n_i\, n_j \quad \text{auf} \quad \Gamma_C . \tag{4.2}$$

Die momentane Kontaktfläche ist die Überlappung der Oberflächen der Kontaktpartner. Wenn zwei materielle Punkte der Kontaktfläche koinzidieren, werden sie Kontaktpunkte genannt. Da die Ränder der Kontaktkörper kontinuierlich angenommen werden können, zeigen die normalen Einheitsvektoren an den Kontaktpunkten in die umgekehrte Richtung, d.h.

$$\sigma_n^1 + \sigma_n^2 = 0 \quad \text{und} \quad \sigma_t^1 + \sigma_t^2 = 0 \quad \text{auf} \quad \Gamma_C . \tag{4.3}$$

Da eine Zugspannung an Kontaktstellen nicht erlaubt ist, muß die Kontaktnormalspannung immer gleich oder kleiner als Null sein, d.h.

$$\sigma_n \leq 0 \quad \text{auf} \quad \Gamma_C . \tag{4.4}$$

Die Bedingung, daß ein Kontaktkörper in den anderen Kontaktpartner nicht eindringen darf, kann durch eine skalare Größe g , die eine geometrische Abstandsbedingung darstellt, mathematisch formuliert werden.

$$g > 0 \quad \Rightarrow \text{kein Kontakt,}$$
$$g = 0 \quad \Rightarrow \text{Kontakt,}$$
$$g < 0 \quad \Rightarrow \text{geometrische Durchdringung.} \tag{4.5}$$

Aufgrund des nicht möglichen Kontaktzustandes mit geometrischer Durchdringung werden nur die ersten zwei Bedingungen in Betracht gezogen. Die Größe g ist offensichtlich von dem Positionsvektor des Kontaktpunktes und von der Gestalt der Kontaktfläche abhängig. Eine zusätzliche Kontaktbedingung, die aus Gl.(4.4) und Gl.(4.5) abgeleitet werden kann, ist

$$\sigma_n g = 0 \quad \text{auf} \quad \Gamma_C . \tag{4.6}$$

Mit Berücksichtigung der Kontaktbedingung wird die Variationsformulierung für einen Kontaktkörper zu

$$\int_V \sigma_{ij} \delta \dot{\varepsilon} \, dV - \int_S n_i \, \sigma_{ij} \, \delta v \, dS - \int_{\Gamma_C} \sigma_n \, \delta g \, d\Gamma_C = 0 , \tag{4.7}$$
$$\text{mit} \quad \delta g = - n_i \, \delta v$$

Der dritte Term in Gl.(4.7) ist die Kontaktbedingung und stellt eine Zwangsbedingung dar, die mit Hilfe der bekannten Methoden, Lagrange-Parameter- und Penalty-Methode gehandhabt werden kann. Bei der Lagrange-Parameter-Methode ist die unbekannte Kontaktnormalspannung der Lagrange-Parameter, der im Lösungsvektor enthalten ist. Bei der Penalty-Methode wird die Kontaktnormalspannung σ_n durch eine schwächere Bedingung $-\left(\dfrac{1}{\chi}\right) g$ ersetzt und der Ausdruck in Gl.(4.7) wird überführt in

$$\int_V \sigma_{ij} \delta \dot{\varepsilon} \, dV - \int_S n_i \, \sigma_{ij} \, \delta v \, dS + \frac{1}{\chi} \int_{\Gamma_C} g \, \delta g \, d\Gamma_C = 0 . \tag{4.8}$$

An Kontaktstellen gelten auch die Reibungsrandbedinungen, die aufgrund der unbekannten Geschwindigkeiten und der Kräfte der Kontaktknoten nicht exakt vorgeschrieben werden können. Dieses Problem kann gelöst werden, wenn die Größe der Reibspannung mit dem bekannten Coulombschen Reibgesetz

$$\sigma_t = \mu\, \sigma_n \tag{4.9}$$

wobei σ_t die Reibspannung,

      μ Coulombsche Reibzahl,

      σ_n Kontaktnormalspannung,

oder mit dem konstanten Schubspannungsgesetz

$$\sigma_t = m\, k \tag{4.10}$$

wobei m Reibfaktor und

$$k = \frac{k_f}{\sqrt{3}} \quad \text{Schubfließgrenze,}$$

vorgegeben wird.

Kobayashi [3] hat eine Approximationsmöglichkeit vorgeschlagen, um die Richtungsumkehr der Relativgeschwindigkeit in der Reibfläche handzuhaben. Die Reibspannung in der Gl.(4.10) wird angenähert durch

$$\sigma_t = -mkn_t \approx -mk\left\{\frac{2}{\pi}\, tan^{-1}\!\left(\frac{|v_s|}{v_0}\right)\right\}n_t \tag{4.11}$$

wobei n_t Einheitsvektor in Reibrichtung,

      v_s Relativgeschwindigkeit in der Kontaktstelle,

      v_0 eine kleine positive Zahl.

Die Gl.(4.11) ermöglicht im Bereich der Richtungsumkehr der relativen Geschwindigkeiten einen stetigen und kontinuierlichen Übergang der Reibspannung. Durch den Parameter v_0 kann das Übergangsverhalten beliebig gesteuert werden, das im Bild 4.2 dargestellt ist.

Mit der Einbeziehung des starr-plastischen Stoffgesetzes (s.Kap.3) und der Reibschubspannung mit dem konstanten Schubspannungsgesetz wird dann

$$\int_V k_f \delta\dot{\varepsilon}_v\, dV + \frac{1}{\chi}\int_{\Gamma_C} g\,\delta g\, d\Gamma_C - \int_{\Gamma_C} mk\left\{\frac{2}{\pi}\,\delta\!\left(tan^{-1}\!\left(\frac{|v_s|}{v_0}\right)\right)\right\}n_t d\Gamma_C = 0. \tag{4.12}$$

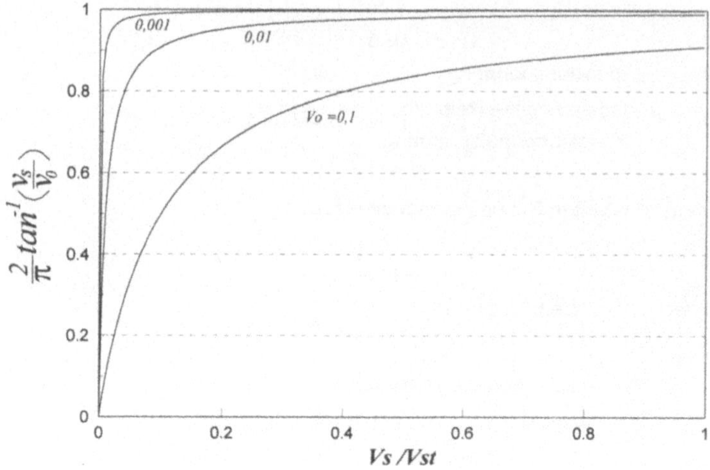

v_s : Relative Geschwindigkeit in der Kontaktstelle

v_{st} : Stempelgeschwindigkeit

v_0 : Eine kleine positive Zahl

Bild 4.2 : Verhalten der Funktion Gl.(4.11)

Die Lösung der nichtlinearen Gl.(4.12) kann durch zwei bekannte Iterationsmethoden, die direkte und die Newton-Raphson Iterationsmethoden, erzielt werden.

Bei der direkten Iterationsmethode, bei der die Verschiebungsgeschwindigkeit der Knoten innerhalb eines Lastschritts konstant ist, wird die Kontaktbedingung während des Lastschritts auch konstant gehalten. Die Beiträge der Kontaktbedingungen zu der gesamten Struktursteifigkeit werden mit den konstanten Kontaktbedingungen berechnet. Der Penalty-Faktor wird dabei mit der Sekantsteifigkeit der Struktur skaliert, um die numerische Stabilität im Lösungsprozeß gewährzuleisten.

Zur Bildung der Tangentensteifigkeit bei der Newton-Raphson Methode kann die nicht balancierte Kraft nach der nichtlinearen FE-Formulierung im Anhang mit der Berücksichtigung der Kontaktbedingung und der Reibung ausgedrückt werden,

$$R^{t+\Delta t} - F^t - \left(\frac{1}{\chi} G^T \nabla G \right)^t - F_R^t = 0 \qquad (4.13)$$

$$\text{mit} \quad F_R = \int_{\Gamma_C} mk \left\{ \frac{2}{\pi} \delta \left(tan^{-1} \left(\frac{|v_s|}{v_0} \right) \right) \right\} n_t d\Gamma_C \, .$$

Dabei ist G der Abstand der Knoten auf der Kontaktfläche Γ_C, und der Nabla-Operator bezieht sich auf das Verschiebungsgeschwindigkeitsfeld. Der letzte Term in Gl.(4.13) ist der Beitrag der Kontaktnormalkräfte an den Knoten auf Γ_C, und trägt zu der Kontaktsteifigkeit K_C bei,

$$K_C = \frac{\partial}{\partial v} \left(\frac{1}{\chi} G^T \nabla G \right) - \frac{\partial F_R}{\partial v} \, . \tag{4.14}$$

4.2 Thermische Beschreibung eines Kontaktes

Außer mechanischen Kontakten werden an Kontaktstellen noch Wärmestrom in Gang gesetzt, sobald sich zwei Kontaktpartner mit unterschiedlichen Oberflächentemperaturen gegenseitig berühren. Der Wärmefluß an der Kontaktstelle erfolgt durch die Leitung, die in Kapitel 3 ausführlich behandelt wurde. Ein wichtiger Beitrag zu dem Wärmefluß an der Kontaktstelle, insbesondere in der Umformtechnik, kommt aus der Dissipationsarbeit der Reibung, die von dem Kontaktnormaldruck und der Oberflächenbeschaffenheit der Kontaktpartner abhängig ist. Zur Berücksichtigung dieser Wärmeflüsse, d.h. der Wärmefluß aufgrund der Temperaturunterschiede und die Wärmeerzeugung durch die Reibung, wird die Formulierung in der Gl.(3.69) zugrunde gelegt. Die folgende Formulierung gilt nur für einen Punktkontakt, d.h. für eine Kontaktzuordnung, die aus einem Knoten auf einer Kontaktseite und einem Segment auf der anderen Kontaktseite besteht.

Der Wärmestrom durch die Leitung an der Kontaktstelle Q^{SL} läßt sich ausdrücken

$$Q^{SL} = \int_{\Gamma_C} \alpha_L \left({}^1\Theta_C - {}^2T_C \right) d\Gamma \tag{4.15}$$

wobei ${}^1\Theta_C$ Temperatur der Knoten auf einer Kontaktseite, z.B. Werkstückseite und

${}^2T_C$ Temperatur auf der anderen Kontaktseite, z.B. Werkzeugseite, an der Stelle des Kontaktknotens.

Mit der Approximation der Temperatur auf einer Kontaktseite (z.B.Werkzeugseite) mit den Knotentemperaturen der Elemente wird die Gl.(4.15) zu

$$Q^{SL} = \int_{\Gamma_C} \alpha_L \left({}^1\Theta_C - N^T \, {}^2\Theta_C \right) d\Gamma$$

$$= \left(\int_{\Gamma_C} \alpha_L \, d\Gamma \right) {}^1\Theta_C - \left(\int_{\Gamma_C} \alpha_L \, N^T d\Gamma \right) {}^2\Theta_C \qquad (4.16)$$

$$= {}^1K_C \; {}^1\Theta_C - {}^2K_C \; {}^2\Theta_C \, ,$$

wobei N Interpolationsmatrix der Oberflächentemperatur

            ${}^2\Theta_C$ Knotentemperatur der Elemente auf der Kontaktseite 2

            K_C Kontaktwärmesteifigkeit, die zu der gesamten Wärmesteifigkeit

                 K in der Gl.(3.62) beiträgt.

Falls ein konstantes Temperaturfeld $\overline{\Theta}$ für die Kontaktseite 2 (z.B.Werkzeugseite) angenommen wird, berechnet sich der Wärmestrom durch die Leitung in Gl.(4.16) explizit zu

$$Q^{SL} = \int_{\Gamma_C} \alpha_L \left({}^1\Theta_c - \overline{\Theta} \right) d\Gamma \; . \qquad (4.17)$$

Solange kein Kontakt vorliegt, ist ein Kontaktpartner mechanisch und thermisch (abgesehen von Strahlung und Konvektion) von dem anderen Kontaktpartner unabhängig. In der Rechnung sind die Kontaktpartner durch Kontakt erst miteinander verknüpft, wenn dieser von dem Kontaktmodul aktiviert wird.

4.3   Konzept bei der Kontaktsuche

In einem Kontaktprozeß ist es wichtig zu erkennen, daß der Kontakt nicht nur von der aktuellen Konfiguration abhängt sondern auch von der Kontaktgeschichte. Die aktuellen Kontaktstellen sind im allgemeinen nicht im voraus bekannt, und daher ist eine exakte Angabe über Kontaktstelle je nach dem zu modellierenden Prozeß nur bedingt oder gar nicht möglich. Es wird ein Algorithmus benötigt, der die Änderung der Kontaktstelle ständig überwacht und die Aktualisierung der Kontaktbedingung im gesamten Gleichungssystem aktiviert. In der vorliegenden Arbeit wird ein Konzept vorgestellt, das die Vorgänge bei der Kontaktsuche weitgehend automatisiert. Zur Realisierung der automatischen Kontaktsuche wird die gesamte Suchoperation in ihrer Strategie in drei Teilschritte unterteilt, d.h. Oberflächenermittlung, Pre-

Kontaktsuche und Post-Kontaktsuche. In der Oberflächenermittlung werden Oberflächenteile auf der Stirnseite der diskretisierten Struktur aus den topologischen Nachbarschaftsbeziehungen abgeleitet. Die Pre-Kontaktsuche basiert auf der Definition verschiedener kontaktbezogener Räume, und die Post-Kontaktsuche basiert auf der Kontaktgeschichte.

Zur Beschreibung der Oberflächenbestimmungs- und Kontaktsuchalgorithmen werden zunächst Definitionen bzw. Vereinbarungen vorgenommen, die im Rahmen des Gemeinschaftsprojektes "Prozeßsimulation in der Umformtechnik (PSU)" entwickelt wuden [74].

Ein *Körper* ist ein zusammenhängendes Kontinuum mit geschlossener Berandung, das beispielsweise ein Kontaktpartner sein kann. Eine *Oberfläche* ist ein Teilgebiet der Körperberandung, kann aber identisch mit der Körperberandung selbst sein. *Segmente* dienen zur Idealisierung der Bereichsberandung mit passenden Ansatzfunktionen und u.U. zum Tragen der dort herrschenden physikalischen Zustandsgrößen. Segmentknoten sind keine Träger der mechanischen und thermischen Freiheitsgrade sondern einfache geometrische Punkte mit Koordinaten. Es gibt grundsätzlich zwei Arten von Segmenten: Punktsegmente und Flächensegmente. Jedes Punktsegment koinzidiert stets mit einem Knoten der Diskretisierung im Körper, und der Name des Punktsegments ist identisch mit dem Namen des koinzidierenden Knotens der Diskretisierung im Körper. Es dient zur Beschreibung eines geometrischen Orts auf der Oberfläche. Jedes Flächensegment liegt auf einer Stirnfläche eines diskretisierten Elements im Körper. Jedes Segment hat einen Namen, der innerhalb eines Körpers und einer Art eindeutig ist. Innerhalb der Art hat jedes Segment einen bestimmten Segmenttyp, durch den folgende Eigenschaften festgelegt werden.

1) geometrische Grundform
2) Anzahl, Ort und Reihenfolge der Knoten
3) eingebaute Ansatzfunktionen.

In der vorliegenden Arbeit wurden vier Segmenttypen implementiert:

1) SPOINT : Punktsegment (Punkt)
2) SLINE2 : Flächensegment mit zwei Knoten (Linie)
3) STRIA3 : Flächensegment mit drei Knoten (Dreieck)
4) SQUAD4 : Flächensegment mit vier Knoten (Quader)

In der Behandlung der Kontaktpartner ist es zweckmäßig, einen Kontaktpartner von dem anderen zu unterscheiden. Bei vielen Umformverfahren, z.B. Schmieden, Ziehen, Strangpressen usw., werden Werkstücke in ihrer Geometrie durch die Bewegung der Werkzeuge plastisch verändert. Es ist dann naheliegend, das Werkzeug als *führende-* oder *Master-Seite* und das Werkstück als *geführte-* oder *Slave-Seite* zu bezeichnen. Grundsätzlich ist es jedoch völlig gleichgültig, ob das Werkzeug als die geführte Seite oder als die führende Seite deklariert wird. Falls das Werkzeug als starr angenommen wird, ist es jedoch eindeutig vorteilhaft, das Werkzeug als die führende Seite zu definieren, da die Kontaktzwangsbedingungen sich nur auf dem Werkstück erfüllen müssen.

Bei der Anwendung der Finiten-Elemente-Methode sind Objekte in dem betrachteten System in der Regel räumlich diskretisiert. Ein Kontaktsystem kann aus mehreren Kontaktkörpern gebildet werden und einzelne Kontaktkörper können mehrere Kontaktstellen haben . Zur systematischen Behandlung der Kontaktsuche wird eine Kontakthierarchie eines Kontaktsystems definiert. Eine Hierarchie in einem Kontaktsystem besteht aus einem Körper, aus Segmenten und Knoten der Segmente [75].

4.3.1 Ermittlung der Kontaktfläche eines Körpers

Ein Kontakt darf nur auf dem Rand eines gegebenen Problems auftreten. Die Kontaktbedingung stellt eine Randbedingung dar, die in den Lösungsprozeß des Problems eingearbeitet wird. Da die Kontaktstelle, auf der die Kontaktbedingung berücksichtigt werden soll, im allgemeinen nicht bekannt ist, ist es nur möglich, die richtige Kontaktstelle in einem komplizierten Umformvorgang zu bestimmen, wenn sich der gesamte Rand zur Ermittlung der Kontaktstelle zur Verfügung stellt. Der Rand eines Körpers ist die Oberfläche, die zur Suche der Kontaktstelle benötigt wird. Obwohl mit der Oberfläche eines Körpers eine analytische Geometrie entsprechender Ordnung gemeint ist, wird hier die Oberfläche, die aus der Topologieinformation eines Körpers ermittelt wird, als diskretisiert angenommen, weil der betrachtete Körper in der Regel als ein FE-Modell diskretisiert ist. Die Geometrie der diskretisierten Oberfläche des Körpers wird dann mit einer Ansatzfunktion dargestellt, die um eine Ordnung niedriger ist als die Ansatzfunktion, die zur Approximation des diskretisierten Körpers verwendet wird.

Die Ermittlung der Oberflächenstruktur eines diskretisierten Körpers basiert auf der Elimination der internen gemeinsamen Grenzflächen der Elemente. Zu dem

Eliminationsverfahren ist der soganannte *Hidden-Line-Algorithm* [70] bekannt, mit dem interne bzw. unsichtbare Flächen in der graphischen Darstellung eliminiert werden. Während bei dem *Hidden-Line-Algorithm* die Position des Betrachters als Eliminationskriterium dient, ist es bei der Ermittlung der Oberfläche eines diskretisierten Körpers die verdeckte Fläche (*Hidden-Surface*). Unter der verdeckten Fläche versteht man eine Fläche, die von allen räumlichen Betrachtungspositionen her nicht sichtbar ist. Bei der diskretisierten Struktur in einer FE-Modellierung ist diese Bedingung erfüllt, wenn eine Fläche mit einer anderen Fläche topologisch zusammenfällt. Zunächst ist der Algorithmus nur auf lineare Elementtypen, d.h. Elemente ohne Kantenknoten, beschränkt, aber ohne großen Aufwand auch auf Elemente mit beliebig höheren Ansatzfunktionen erweiterbar. Im folgenden werden die Vorgehensweisen in der Oberflächenermittlung anhand des QUAD4 Elementes erläutert.

Als Ausgangsdaten in der Oberflächensuche dienen Topologieinformationen aus den Eingabedaten, die eingelesen werden, wenn das FE- Programm gestartet wird. Der gesamte Vorgang besteht aus zwei Teilvorgängen: Elimination der internen Flächen und Erzeugung der Oberflächensegmente. Programmtechnisch werden interne Flächen so eliminiert, daß die körperinternen und damit nach außen unsichtbaren Knoten aus der temporären Knotenliste und Elementtopologie, die in Scratchbereich der Speicherplätze vorübergehend kopiert sind, entfernt werden. Die Knoten, die nach der Eliminationsoperation in den Listen übrig bleiben, sind die Oberflächenknoten, aus denen Oberflächensegmente erzeugt werden sollen. Bei der Segmenterzeugung ist darauf zu achten, daß die Segmentnormale immer vom Elementinnern nach außen zeigt.

Einzelne Schritte sind:

1. Ermittlung der koinzidierenden Elemente eines Knotens. Ein Element, in dem der gewählte Knoten vorkommt, wird als ein koinzidierendes Element des Knotens registriert. Die Koinzidentliste wird in dazu vorgesehenen Feldern abgespeichert. Ein Feld für einen Knoten enthält die Anzahl der koinzidierenden Elemente und die Namen der Elementen. Diese Operation wird für alle Knoten der Elemente durchgeführt.

2. Elimination der inneren Knoten. Zur Elimination interner Knoten wird für jeden Knoten überprüft, ob alle Kantenflächen, die den Knoten enthalten, in allen mit dem Knoten koinzidierenden Elementen zweimal vorkommen.

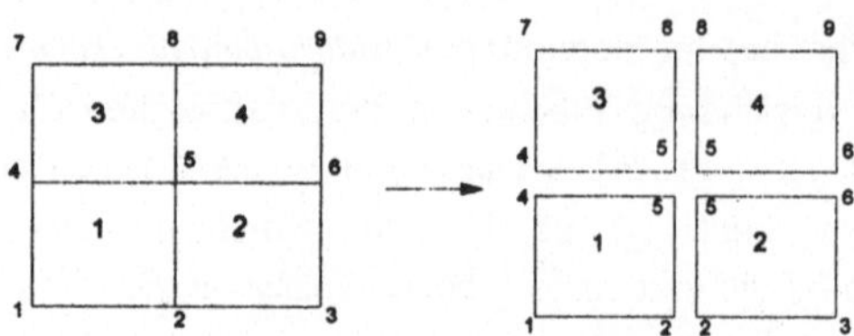

Bild 4.3 : QUAD4-Elemente mit globaler Knotennumerierung

Bei zweidimensionalen Elementen sind die Kantenflächen für den Bezugsknoten 5, 4-5, und 2-5 für Element 1, 2-5 und 5-6 für Element 2, 4-5 und 5-8 für Element 3 und 5-6 und 5-8 für Element 4. Die vier Kantenflächen 2-5, 4-5, 5-6 und 5-8 kommen in der Aufzählung jeweils zweimal vor, und das bedeutet, daß sie verdeckte Flächen sind und der Bezugsknoten 5 ein interner Knoten ist, weil die vier Kantenflächen komplette Koinzidenzkanten des Knotens 5 sind. Dieser Vorgang wird für alle Knoten in der Diskretisierung wiederholt, und die ermittelten Internen Knoten werden aus der temporären Topologieliste eliminiert. Bei einer dreidimensionalen Diskretisierung kann dieser Algorithmus analog zu dem 2-D Problem verwendet werden.

3. Nachdem alle internen Knoten eliminiert worden sind, werden die Oberflächensegmente aus den Knoten, die Oberflächenknoten sind, erzeugt. Bei der lokalen Numerierung der Segmentknoten ist darauf zu achten, daß die Segmentnormale nach außen zeigt (Bild 4.4).

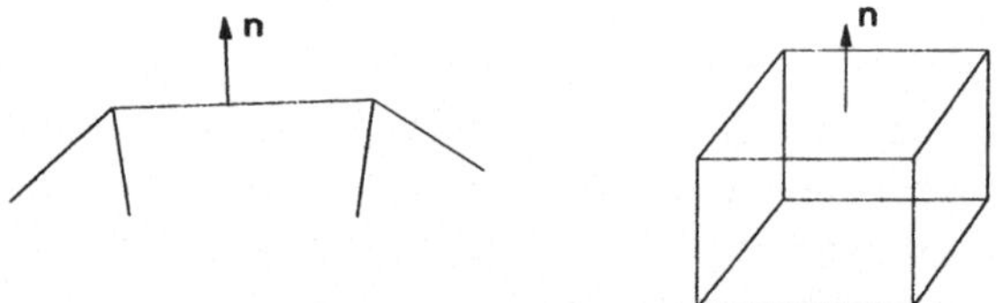

Bild 4.4 : Richtung der Segmentnormale bei 2-D und 3-D Problemen

Segmente aus dem Element 1 im Bild 4.3 sind beispielsweise 1-4 und 2-1, aus dem Element 2 3-2 und 6-3, aus dem Element 3 4-7 und 7-8 und aus dem Element 4 8-9 und 9-6. Für die geometrische Interpolation hat ein Segment definitionsgemäß - d.h. ein Segment ist Stirnfläche eines

Elementes - einen um eine Ordnung niedrigen Ansatz als der des Elements, aus dem das Segment erzeugt wurde.

Ein Segment dient somit zur Modellierung der Bereichsberandung. Sowohl geometrische (Knotenkoordinaten, Topologie etc.) als auch physikalische Größen (Oberflächenbeschaffenheit, Normalspannung etc.) können je nach Bedarf einem Segment zugeordnet werden [74].

4. Aus den erzeugten Segmenten werden noch Koinzidenzinformationen der Segmente abgeleitet. Analog zu dem Schritt 1 werden hier die Segmente ermittelt, die an einem Segmentknoten koinzidieren.

4.3.2 Pre-Kontaktsuche

Im folgenden wird davon ausgegangen, daß die Kontaktpartner (Kontaktkörper) und die sich daraus ergebenden Oberflächen (Teilgebiete der Körperoberfläche) bereits aus der Oberflächenermittlung bekannt sind.

In der Pre-Kontaktsuche sind Definitionen einiger Begriffe notwendig. Ein *Umschließungsraum* ist ein quadratischer Raum, der einen Körper bzw. einen Kontaktpartner gerade umschließt. Ein *Vergrößerungsraum* ist ein modifizierter Umschließungsraum, der in allen Koordinatenrichtungen um ein bestimmtes Maß vergrößert ist. Ein *Überschneidungsraum* ergibt sich als ein gemeinsames Gebiet aus Vergrößerungsräumen von zwei Kontaktkörpern.

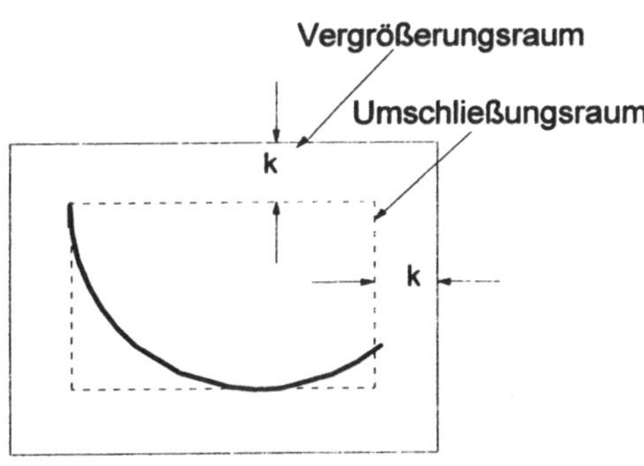

Bild 4.5 : Definition von Umschließungs- und Vergrößerungsräumen

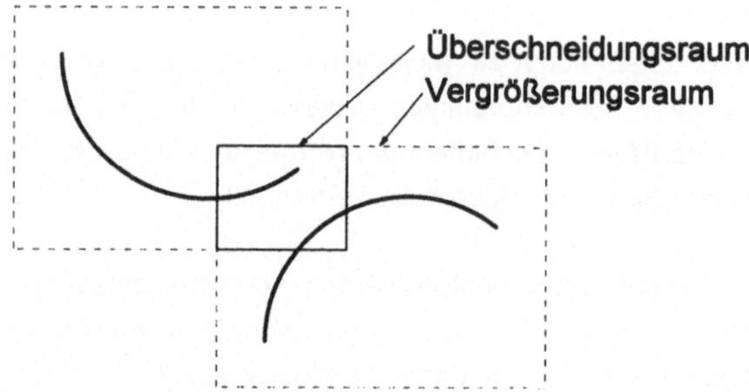

Bild 4.6 : Definition eines Überschneidungsraums

Ein *Segmentkontaktraum* ist ein Kontrollraum eines Segments, der mit bestimmten Kriterien definiert und zur Eingrenzung der Kontaktzuordnungen verwendet wird. Im Abschnitt 4.3.2.4 wird auf die Berechnung eines Segmentkontaktraums näher eingegangen.

Die wesentlichen Schritte in der Pre-Kontaktsuche sind ;

- Ermittlung der maximalen Verschiebung ,
- Ermittlung der Umschließungs- und Überschneidungsräume,
- Bestimmung der Segmente im Überschneidungsraum,
- Berechnung der Segmentkontakträume.

4.3.2.1 Ermittlung der maximalen Verschiebung

Die maximale Verschiebung der Knoten auf den Segmenten dient zur Bestimmung eines vergrößerten Umschließungsraums und zur Berechnung eines Segmentkontaktraums. Sie wird aus der aktuellen und der letzten Konfigurationen der Segmente auf den beiden Kontaktseiten bestimmt. Die maximale Verschiebung ist der Absolutbetrag des maximalen Verschiebungsvektors aller Segmentknoten und legt ein Basismaß fest, um wieviel der Umschließungsraum bzw. der Segmentkontaktraum vergrößert werden muß (Bild4.7).

$$U_{max} = \left| u_{Seg} \right|_{max} \tag{4.18}$$

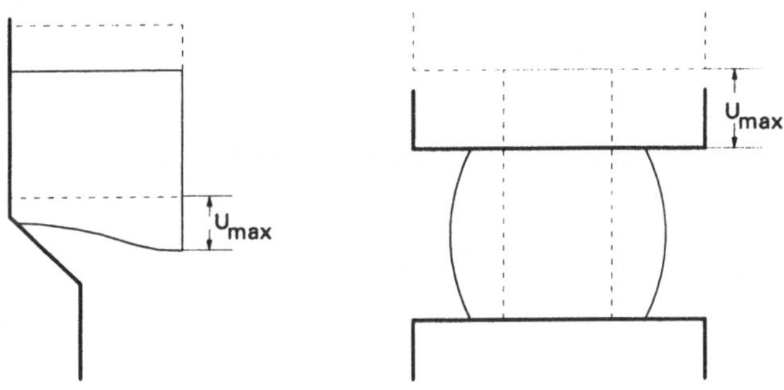

Bild 4.7 : Definition der maximalen Verschiebung in einem Recheninkrement

4.3.2.2 Ermittlung der Umschließungs- und Überschneidungsräume

Es wird zunächst ein quadratischer Raum definiert, der eine potentielle Kontaktfläche umschließt (Bild 4.5). Ein Umschließungsraum kann durch zwei Knoten, die in der lokalen Knotennumerierung diagonal liegen, dargestellt werden, d.h. vier Koordinaten $(x_{max}, y_{max}, x_{min}, y_{min})$ für ein Liniensegment bzw. sechs Koordinaten $(x_{max}, y_{max}, z_{max}, x_{min}, y_{min}, z_{min})$ für ein Flächensegment beschreiben einen viereckigen bzw. quaderförmigen Raum im kartesischen Koordinatensystem. Damit alle potentiellen Kontaktstellen in einem Kontaktpaar erkannt werden, muß der Umschließungsraum um ein bestimmtes Maß vergrößert werden. Das Vergrößerungsmaß berechnet sich aus der maximalen Verschiebung U_{max},

$$\kappa = \alpha \cdot U_{max}, \tag{4.19}$$

> wobei κ das Vergrößerungsmaß,
> α ein Steuerparameter und
> U_{max} die maximale Verschiebung der Segmentknoten sind.

Da Kontaktkandidatknoten und -segmente zum aktuellen Zeitpunkt möglichst lückenlos ermittelt werden sollen, ist der Steuerparameter α prinzipiell größer als *1,0* zu wählen. Durch den Steuerparameter kann die Kontaktsuche beeinflußt werden: Mit einem großen Parameter werden die Knoten und Segmente auf den Kontaktpartnern, die relativ geringe Kontaktmöglichkeit haben, miteinander zugeordnet, was durch die unnötig lange Zuordnungsprüfung die Dauer der Kontaktsuche verlängert. Mit einem kleinen Parameter, z.B. kleiner als *1,0*, besteht die Gefahr, daß die Knoten und Segmente, die hinreichend nah gegenüber liegen, unerkannt und nicht zugeordnet werden.

Ein Vergrößerungsraum, der von einem Umschließungsraum um das Vergrößerungsmaß κ expandierter ist, wird berechnet wie

$$x_E = \kappa \cdot C + x_D \,, \tag{4.20}$$

wobei x_E Vektor der Koordinaten der zwei Diagonalpunkten eines Vergrößerungsraums,

x_D Vektor der Koordinaten der zwei Diagonalpunkten eines Umschließungsraum und

C Verknüpfungsvektor sind, und mit
$C^T = [\,1\ \ 1\ \ -1\ \ -1\,]$ für ein 2-D Problem und
$C^T = [\,1\ \ 1\ \ 1\ \ -1\ \ -1\ \ -1\,]$ für ein 3-D Problem.

Zur weiteren Eingrenzung potentieller Kontaktflächen wird dann ein Überschneidungsraum aus zwei Umschließungsräumen ermittelt (Bild 4.6). Der Überschneidungsraum ist ein aus zwei Umschließungsräumen rein geometrisch ermittelter Raum, der sich als ein gemeinsames Gebiet der zwei Umschließungsräume darstellt.

4.3.2.3 Bestimmung der Segmente und Knoten im Überschneidungsraum

Zur Festlegung der potentiellen Kontaktstelle werden Knoten und Segmente im Überschneidungsraum ermittelt. Aufgrund der unsymmetrischen Eigenschaften des Punktkontaktes werden auf der führenden Seite, z.B. auf der Werkzeugseite die Segmente , und auf der geführten Seite, z.B. auf der Werkstückseite die Knoten ermittelt. Wenn ein Segment nur teilweise in einem Überschneidungsraum liegt oder ein Knoten exakt auf der Grenze des Überschneidungsraums liegt, werden sie als internes Segment bzw. Knoten registriert.

4.3.2.4 Berechnung der Segmentkontakträume

Zhong [75] hat das "Territory" eines Segments mit einem Quadrat für 2-D und mit einem Quader für 3-D aufgestellt, um Kontaktkandidatknoten einzugrenzen. An einer Ecke kann aber eine Schwierigkeit auftreten, wenn sich ein Knoten zwischen benachbarten Segmentkontakträumen befindet (Bild 4.8 a). Dieser Knoten bleibt von der Kontaktsuche unerkannt und wird daher zu keinem Segment zugeordnet, obwohl er zu dem Kontaktpartner nah genug steht und zu einem Segment zugeordnet werden sollte. Außerdem ist es problematisch, wenn ein Knoten zwischen zwei Rechenschritten eine große Bewegung erfährt, d.h. ein Knoten, der im letzten Rechenschritt außerhalb des Segmentkontaktraums lag und keine Zuordnung hatte, durchdringt im aktuellen Rechenschritt den Segmentkontaktraum ganz, so daß er wiederum außerhalb des Segmentkontaktraums liegt (Bild 4.8 b). Dieser Knoten wird von der Suchoperation nicht erkannt und gilt weiter als ein freier Knoten. In dem folgenden Rechenverlauf wird der Knoten den Kontaktpartner ohne Kontrolle durchdringen, und die Rechenergebnisse können unbrauchbar werden.

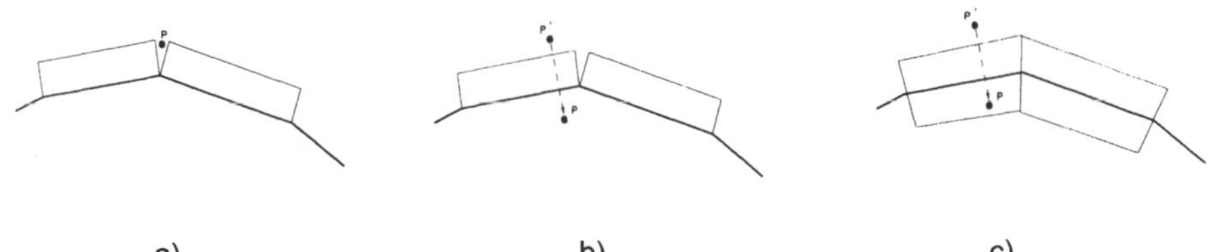

Bild 4.8 : Kritische Lage der Knoten bei quadratischen und einseitigen Segmentkontakträumen beim Verfahren von Zhong [75] (a,b), und das modifizierte Verfahren (c).

In der vorliegenden Arbeit wurde die Modifikation zur Vermeidung der o.g. Probleme entwickelt. Ein Segmentkontaktraum ist nicht mehr quadratisch bzw. quaderförmig sondern je nach der Topologie der benachbarten Segmente veränderlich (Bild 4.8 c). Die Grenze zwischen Segmentkontakträumen wird mit Hilfe der mittleren Segmentnormale am Segmentknoten festgelegt, damit keine tote Zone entsteht zwischen Segmentkontakträumen. Desweiteren wird der Segmentkontaktraum nicht nur oberhalb eines Segments (nach außen) sondern auch in den Körper gleicherweise erweitert. Das zweite Problem bei dem Verfahren von Zhong, große Knotenverschiebung in einem Rechenschritt, wird durch diese Maßnahme mit der geeigneten Wahl des Parameters zur Steuerung der Größe des Segmentkontaktraums meistens gelöst.

Zur Definition eines Kontaktraums für ein Segment werden zunächst die Segmentnormalen am Segmentknoten ermittelt. Eine Normale an einem

Segmentknoten eines linearen Flächensegments wird so definiert, daß beim Umlauf der lokalen Numerierung in mathematisch positiver Richtung (im Gegenuhrzeigersinn) die Normale vom Körperinnern nach außen zeigt. Bei einem Liniensegment zeigt die Normale am Segmentknoten vom Körperinnern nach außen und muß so lokal numeriert sein, daß die Normale auch als ein Linksnormalvektor zu dem Vektor definiert wird, der in der lokalen Numerierung vom ersten zum nächsten Knoten gerichtet ist (Bild 4.9). Die Unterscheidung von außen und innen ist durch die Modellierung des Simulationsprozesses bedingt und muß daher von außen explizit angegeben werden. Die lokale Numerierungsregel für Segmentknoten ist bereits bei der Eingabe der Segmentdaten einzuhalten, falls Segmente explizit von außen vorgegeben werden. Bei der Erzeugung der Segmente aus diskretisierten Elementen werden die Normalenrichtungen automatisch berücksichtigt. Von Linien- und Flächensegmenten mit linearen und quadratischen Ansätzen von 2-D und 3-D Problemen werden die Tangente und Normale im Bild 4.9 dargestellt.

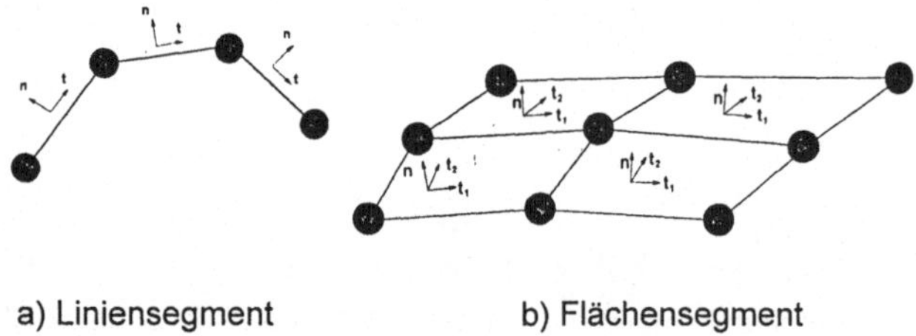

a) Liniensegment   b) Flächensegment

Bild 4.9 : Tangente und Normale der verwendeten Segmenttypen

Bei einem linearen Flächensegment mit vier Knoten wird die Normale an einzelnen Segmentknoten definiert als

$$n_1 = (t_{1\to2}) \times (-t_{4\to1}),$$
$$n_2 = (t_{2\to3}) \times (-t_{1\to2}),$$
$$n_3 = (t_{3\to4}) \times (-t_{2\to3}),$$
$$n_4 = (t_{4\to1}) \times (-t_{3\to4}).$$

(4.21)

Nachdem die Normalen für jeden Segmentknoten eines Segmentes berechnet worden sind, wird eine mittlere Normale für einen globalen Knoten ermittelt. Dazu werden alle Normalen der Segmentknoten, die miteinander koinzidieren, vektoriell zusammenaddiert und normiert. Eine mittlere Normale an einem Segmentknoten läßt sich folgendermaßen berechnen,

$$e_k = \frac{m^k}{\left|m^k\right|} \quad \text{mit} \quad m^k = \sum_i^s n_i \, , \qquad\qquad (4.22)$$

wobei k globale Nummer der Segmentknoten,

$\quad\quad e_k$ mittlere Einheitsnormale am Segmentknoten k,

$\quad\quad s$ Anzahl koinzidierender Segmente an einem Knoten und

$\quad\quad i$ Laufvariable sind.

Ein Segmentkontaktraum wird dann mit Hilfe dieser mittleren Normalen und dem Vergrößerungsmaß κ definiert. Die Konstante v_m legt die Länge des normalen Abstands zwischen der mittleren Ebene und der Kantenfläche eines Segmentkontaktraums fest (Bild 4.10).

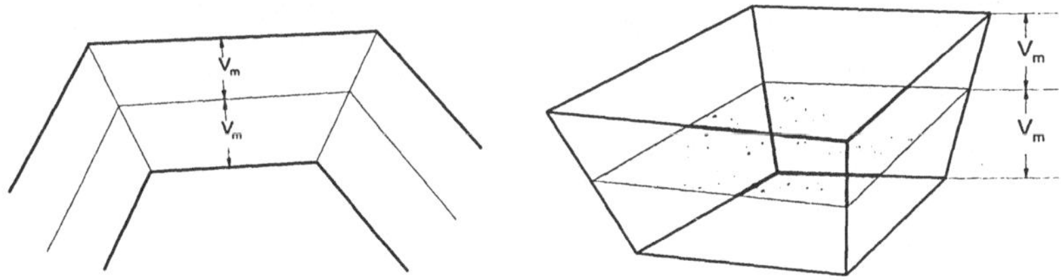

Bild 4.10 : Definition der Segmentkontakträume bei Linien- und Flächensegmenten

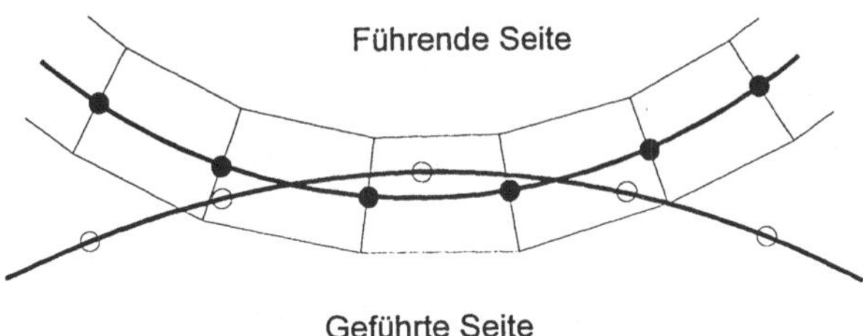

$\circ$ Knoten auf der geführten Seite

$\bullet$ Knoten auf der führenden Seite

Bild 4.11 : Zuordnung der Knoten zu Segmenten

Die Berechnung der mittleren Normale am Segmentknoten und der Segmentkontakträume wird in einer Funktion von den Basisdiensten der Segmentverwaltung im Programm PLADAT durchgeführt. Wenn die Funktion aufgerufen wird, werden zunächst die mittleren Normalen an den Segmentknoten auf der Master-Seite aus der Nachbarschaftbeziehung berechnet und in einem Feld abgespeichert. Weiterhin werden Eckknoten der Segmentkontakträume, d.h. ein oberer und ein unterer Knoten von jedem Segmentknoten auf der Master-Seite, berechnet und ebenfalls in einem anderen Feld gespeichert, so daß die Daten in nachfolgenden Kontaktsuchoperationen jeder Zeit zum Zugriff zur Verfügung stehen.

Um zu überprüfen, ob ein Punktsegment in einem Segmentkontaktraum liegt, wird der Segmentkontaktraum parametrisch dargestellt. Da eine lineare Approximation eines Segmentkontaktraums zur IN-OUT Überprüfung unabhängig von Ansätzen für Segmente ausreichend genaue Basis liefert, wird der lineare Ansatz in weiteren Formulierungen verwendet. Eine lineare Darstellung eines Segmentkontaktraums von einem Liniensegment hat die Form

$$x = \sum_i N_i X_i$$

$$y = \sum_i N_i Y_i \tag{4.23}$$

$$\text{mit} \quad N_i = \frac{1}{4}\left(\left(1 + r\,r_i\right)\ \left(1 + s\,s_i\right)\right)$$

wobei r und s Parameter,
x und y globale Koordinaten eines Raumpunktes,
N Ansatzfunktion und
X und Y globale Koordinaten der Eckpunkte eines Segmentkontaktraums sind.

Eine notwendige und gleichzeitig hinreichende Bedingung, damit ein Punkt innerhalb eines vorgegebenen Raums liegt, ist, daß die Parameter für den Punkt in allen Koordinatendarstellung die Bedingung $-1 \leq r,s \leq 1$ erfüllen. Es wird angenommen, daß sich die Koordinaten des gegebenen Knotens mit Hilfe der Approximationsvorschrift der Gl.(4.23) darstellen lassen. Zur Überprüfung, ob die Parameter des Knotens die Bedingung $-1 \leq r,s \leq 1$ erfüllen, müssen die Funktionen der Approximation nach den natürlichen Parametern aufgelöst werden. Das Problem liegt dabei darin, daß quadratische Funktionen für 2-D Probleme und kubische Funktionen für 3-D Probleme zu lösen sind. Die zu lösenden Funktionen sind,

$$f\left(r^2, s^2\right) = 0 \quad \text{für 2-D Probleme und} \quad f\left(r^3, s^3, t^3\right) = 0 \quad \text{für 3-D Probleme} \qquad (4.24)$$

Zur Lösung der Gleichungen kann das Newtonsche Iterationsverfahren für mehrere Variable [79] herangezogen werden, in dem zunächst eine nächstliegende Lösung des gegebenen Anfangswertes gesucht wird. Bei der Vorgabe der Anfangsparameterwerte von $r = 0, s = 0$ und für 3-D Probleme auch $t = 0$ - diese sind parametrische Koordinaten des Punktes P_0 im Bild 4.12 - wird in dem Lösungsprozeß zunächst die dem Punkt P_0 nächstliegende Lösung (der Punkt P_2) gesucht. Um zu überprüfen, ob ein zu testender Knoten die o.g. Bedingung erfüllt, genügt es, die gerechneten Parameter von dem Knoten zu untersuchen.

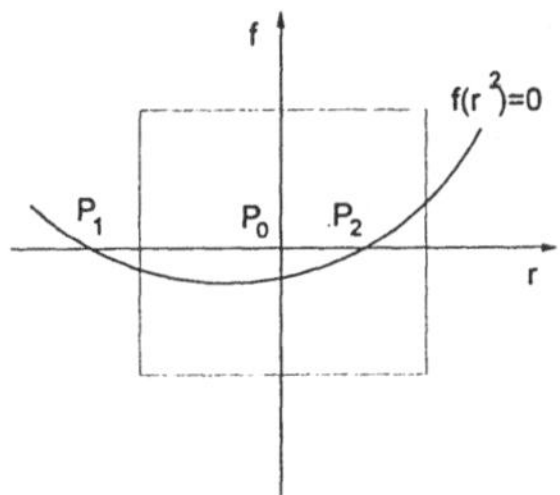

Bild 4.12 : Zur numerische Lösung einer quadratischen Gleichung

Der Lösungsprozeß liegt nun darin, daß zwei quadratische bzw. drei kubische Gleichungen in r, s und t jeweils für 2-D und 3-D mit vorgegebenen Anfangswerten aufgelöst werden. Die Gleichungen werden in der Umgebung dieser Werte linearisiert und das entstehende lineare Gleichungssystem wird für die Korrekturen $\Delta r, \Delta s$ und Δt gelöst.

$$r = r_0 + \Delta r$$
$$s = s_0 + \Delta s \qquad (4.25)$$
$$t = t_0 + \Delta t$$

wobei r_0, s_0 und t_0 vorgegebene Anfangswerte sind.

Die Beziehungen Gl.(4.25) werden in den nichtlinearen Gleichungen in r, s und t eingesetzt und die entstehenden nichtlinearen Terme werden vernachlässigt.

Wenn sich ein Punkt eines Kontaktpartners innerhalb eines Segmentkontaktraums vom anderen Kontaktpartner befindet, wird dieser Punkt zur Erzeugung eines Kontaktelementes dem Segment zugeordnet. Wenn ein Knoten auf der geführten Seite exakt auf der Normale des Knotens auf der führenden Seite liegt, wird dieser Knoten dem zuerst zu untersuchenden Segment zugeordnet.

4.3.3 Post-Kontaktsuche

Von der ersten Knoten-Segment Zuordnungsliste ausgehend werden die Kontakte im weiteren auf ihre Geschichte hin untersucht. Dabei wird jeder einem Segment zugeordnete Knoten mit dem zuletzt zugeordneten Segment und seinen Nachbarsegmenten daraufhin überprüft, in welchem Segmentkontaktraum sich der Knoten befindet. Falls ein Knoten, der zuletzt einem Segment zugeordnet war, nach der Kontaktsuche in Nachbarsegmenten nicht mehr in der Zuordnungsliste vorhanden ist, wird für den Knoten weiter überprüft, ob er einem Segment außerhalb der Nachbarsegmente zuzuordnen ist. Nach der Post-Kontaktsuche liegt eine Knoten-Segment Zuordnungsliste vor, die zur Aktivierung der Kontaktbedingung dient.

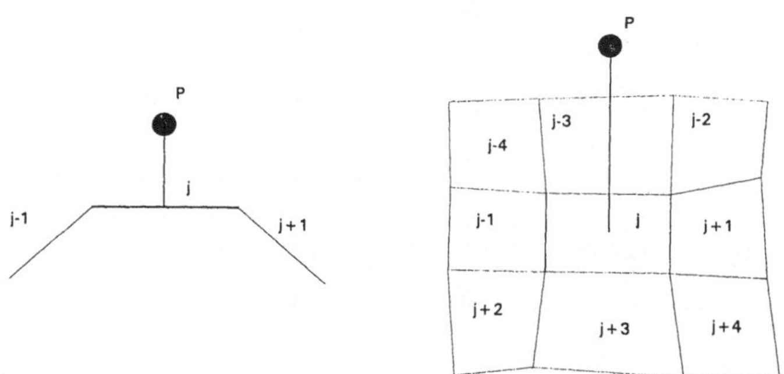

Bild 4.13: Nachbarsegmente bei 2-D und 3-D Fällen

5 Radiale Anisotropie

5.1 Definition und Ursache der plastischen Anisotropie

Man nennt einen Körper anisotrop, wenn seine Eigenschaften von der Richtung
abhängen, in der sie gemessen werden [88]. Die beiden Pfeile im Bild 5.1 sollen ein
Experiment bedeuten, bei dem Eigenschaften in einer Richtung gemessen werden,
der Kreis dazwischen eine kugelförmige Probe. Der Körper ist anisotrop, wenn das
Meßergebnis durch eine Drehung der Kugel geändert wird. Wenn es sich nicht
ändert, so nennt man den Körper isotrop.

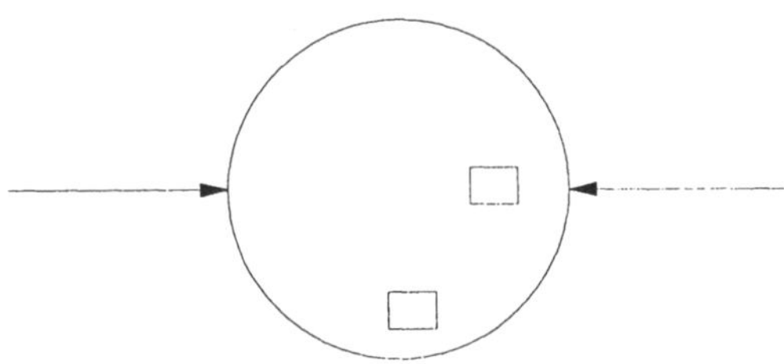

Bild 5.1 : Zur Definition von Isotropie nach Stüwe [88]

Im Falle des Fließens spricht man von einer plastischen Anisotropie, wenn
mechanische Fließeigenschaften richtungsabhängig sind.

Es sind die mikroskopische und die makroskopische Anisotropie zu unterscheiden.
Die mikroskopische Anisotropie wird in Abhängigkeit des unsymmetrischen
Gleitsystems innerhalb eines Kristalls definiert. Die makroskopische Anisotropie wird
für einen Vielkristall definiert. Die bestimmte Orientierung der Kristalle, die aus
Erstarrung, Umformung usw. entstehen kann, ist die Ursache der makroskopischen
Anisotropie. Ein Werkstoff, der mikroskopisch isotrop ist, kann makroskopisch
anisotrop sein, wenn die Kristalle in einer bevorzugten Richtung geordnet sind. Im
Bild 5.2 wird veranschaulicht, daß die makroskopische Anisotropie durch bevorzugte
Kristallorientierung nach einer Umformung entsteht. In der Umformtechnik handelt
es sich um die makroskopische Anisotropie; daher soll in der folgenden
Formulierung soll unter Anisotropie nur die makroskopische Anisotropie verstanden
werden.

Bild 5.2 : Texturen im Werkstoff, gewalztes CuSn Blech

Für Blechwerkstoffe ist vor allen anderen Ebenen die Blechebene ausgezeichnet, und dementsprechend die Blechebenennormale vor allen Richtungen. Daher wird die senkrechte Anisotropie r definiert, die das plastische Verhalten in Richtung der Blechnormalen im Unterschied zum Verhalten in der Blechebene charakterisiert. Die senkrechte Anisotropie wird nach dem Stahl-Eisen-Prüfblatt Nr.1126 [104] im Flachzugversuch definiert durch

$$r = \frac{\varphi_b}{\varphi_s} \tag{5.1}$$

wobei $\varphi_b = ln\left(\dfrac{b}{b_0}\right)$ und $\varphi_s = ln\left(\dfrac{s}{s_0}\right)$,

mit b Blechbreite und s Blechdicke.

Im Bereich der Massivumformung wird zunächst nur das Werkstoffverhalten in der Achse eines Rundstabes $(r=0)$ betrachtet. Dort ist keine Unterscheidung zwischen radialer und tangentialer Richtung möglich (Bild 5.3). Somit gilt für die Umformgrade in x- und y-Richtung:

$$\varphi_x = \varphi_y, \quad x = y = r = 0 \tag{5.2}$$

Davon verschieden ist der axiale Umformgrad

$$\varphi_b = ln\left(\frac{h}{h_0}\right) \tag{5.3}$$

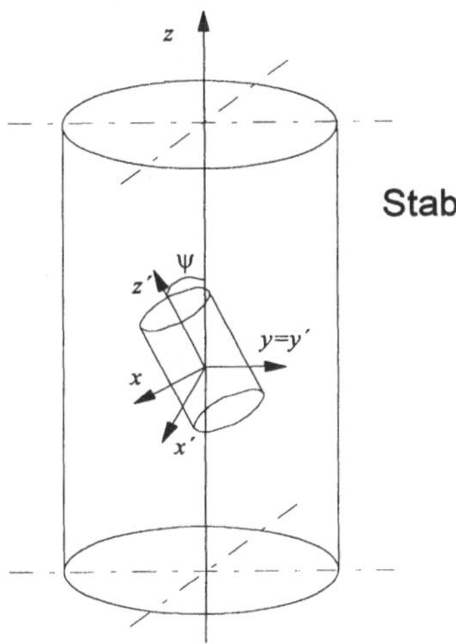

Bild 5.3 :   Zentrische Entnahme von Zylinderstauchproben unter einem Winkel
zur Stabachse nach [59]

In Analogie zur Normalenrichtung bei Blechwerkstoffen ist für einen Rundstab die
Achse die ausgezeichnete Richtung. Mit der Einführung der Bezeichnung R_z läßt
sich die axiale Anisotropie analog zur normalen Anisotropie bei Blechwerkstoffen wie
folgt definieren [59]

$$R_z = \frac{\varphi_x}{\varphi_z} = \frac{\varphi_y}{\varphi_z}, \quad x = y = r = 0. \tag{5.4}$$

Anders als bei der senkrechten Anisotropie und der axialen Anisotropie seien jetzt
aber die Proben exzentrisch aus dem Stab entnommen, wobei sich die drei im Bild
5.4 dargestellten Fälle durch den Winkel ϕ unterscheiden, den die Probenachse
mit dem zur Stabachse zeigenden Radiusvektor bildet; er beträgt 0°, 45° und 90°.

1. $\phi = 0^o$: hier ergibt sich in Analogie zu Gl.(5.4) für die axiale Anisotropie

$$R_{tz} = \frac{\varphi_t}{\varphi_z} \qquad (5.5)$$

denn in diesem Fall weist die Achse der Stauchprobe in Bezug auf die
Stangenachse in tangentiale Richtung

2. $\phi = 90^o$: Die Achse der Stauchprobe liegt in der Stange radial. Es ergibt sich
für die axiale Anisotropie

$$R_{rz} = \frac{\varphi_r}{\varphi_z} \; . \qquad (5.6)$$

3. $\phi = \pm 45^o$: die Probenachse bildet sowohl mit der radialen als auch mit der
tangentialen Richtung einen Winkel von 45°, wobei die beiden Vorzeichen
gleichwertig sind. Mit d für diagonal ergibt sich somit für die axiale
Anisotropie

$$R_{dz} = \frac{\varphi_d}{\varphi_z} \; . \qquad (5.7)$$

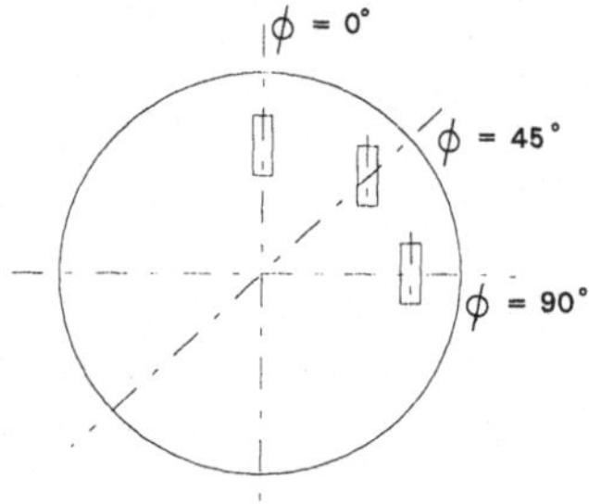

Bild 5.4 : Exzentrische Entnahme von Zylinderstauchproben senkrecht zur
Achse einer Rundstange mit unterschiedlichem Winkel zwischen
Probenachse und Radiusvektor [59]

Zur Beschreibung des Werkstoffverhaltens ist es zweckmäßiger, eine andere Größe
anzugeben, die radiale Anisotropie R_r oder einfach R , die wie folgt definiert wird.

$$R = R_r = \frac{R_{tz}}{R_{rz}} = \frac{\varphi_d}{\varphi_z} \; . \qquad (5.8)$$

Allgemein ist die radiale Anisotropie ein Maß für das unterschiedliche plastische Verhalten in radialer und tangentialer Richtung, das auf eine zyklische Fasertextur zurückgeführt werden kann.

5.2 Fließbedingung für anisotrope Werkstoffe

Die Fließbedingung eines plastisch verformbaren Werkstoffs läßt sich nach Betten [18] in einer allgemeinen Form ausdrücken,

$$\Phi(\sigma_{ij}) \;=\; \frac{1}{2} A_{ijkl}\sigma_{ij}{}'\sigma_{kl}{}' \;=\; \frac{\sigma_f^{*2}}{3} \tag{5.9}$$

wobei Φ das plastische Potential, A die Koeffizientenmatrix, σ' der Deviatorspannungstensor und σ_f^{*} ein beliebiger Bezugswert, z.B. Fließspannung in einer Richtung, sind.

Wenn sich der Werksoff isotrop verhält, ergibt sich aus der Beziehung (5.9)

$$A_{ijkl} \;=\; \frac{(\,\delta_{ik}\delta_{jl}+\delta_{il}\delta_{jk}\,)}{2} \quad \text{und somit} \quad \Phi = J_2' = k^2 = \frac{\sigma_f^2}{3}\,. \tag{5.10}$$

Hill hat einen quadratischen Ansatz [8] und später einen nichtquadratischen Ansatz [60] für die Fließbedingung für anisotrope Werkstoffe vorgeschlagen, in dem die anisotropen Werkstoffeigenschften durch Einführung von Anisotropieparametern berücksichtigt werden. Der quadratische Ansatz von Hill läßt sich für einen axialsymmetrischen Fall mit der Annahme von Orthotropie darstellen als

$$F(\,\sigma_\theta - \sigma_z\,)^2 + G(\,\sigma_z - \sigma_r\,)^2 + H(\,\sigma_r - \sigma_\theta\,)^2 = 1, \tag{5.11}$$

wobei F, G und H Parameter sind, die die momentane Anisotropie charakterisieren. Die drei Anisotropieparameter sind nicht einzeln definiert, sondern für das Anisotropieverhalten sind die Beziehungen der Anisotropieparameter des gegebenen Werkstoffs maßgebend. Daher kann die Beziehung Gl.(5.11) auch in der Form dargestellt werden

$$f(\,\sigma_\theta - \sigma_z\,)^2 + g(\,\sigma_z - \sigma_r\,)^2 + h(\,\sigma_r - \sigma_\theta\,)^2 = \sigma_f^{*2}, \tag{5.12}$$

oder in deviatorischer Form

$$f\left(\sigma'_\theta - \sigma'_z \right)^2 + g\left(\sigma'_z - \sigma'_r \right)^2 + h\left(\sigma'_r - \sigma'_\theta \right)^2 = \sigma_f^{*2} \tag{5.13}$$

wobei f,g und h nur dimensionslose Zahlen sind.

Durch Koeffizientenvergleich erhält man aus Gl. (5.9) und (5.13)

$$A_{1111} = \frac{2}{3}(h+g) \tag{5.14a}$$

$$A_{2222} = \frac{2}{3}(g+f) \tag{5.14b}$$

$$A_{3333} = \frac{2}{3}(f+h) \tag{5.14c}$$

und

$$A_{1122} = -\frac{2}{3}h \tag{5.15a}$$

$$A_{1133} = -\frac{2}{3}g \tag{5.15b}$$

$$A_{2233} = -\frac{2}{3}f\ . \tag{5.15c}$$

Aus Gl. (5.13) und Gl.(5.14) können die Koordinaten der Matrix umgeschrieben werden als

$$A_{1122} = -\frac{1}{2}\left(A_{1111} + A_{2222} - A_{3333} \right), \tag{5.16a}$$

$$A_{1133} = -\frac{1}{2}\left(A_{1111} - A_{2222} + A_{3333} \right), \tag{5.16b}$$

$$A_{2233} = -\frac{1}{2}\left(-A_{1111} + A_{2222} + A_{3333} \right). \tag{5.16c}$$

Für Anisotropie bei einem axialsymmetrischen Fall sind somit nur drei Koordinaten, A_{1111}, A_{2222} und A_{3333} der Koeffizientenmatrix A_{ijkl} maßgebend. Diese können bei Orthotropie durch die Fließspannungen der jeweiligen Koordinatenrichtungen ausgedrückt werden:

$$A_{1111} = \frac{2}{3}\left(\frac{\sigma_v}{\sigma_{fr}} \right)^2 \tag{5.17a}$$

$$A_{2222} = \frac{2}{3}\left(\frac{\sigma_v}{\sigma_{f\theta}}\right)^2 \qquad (5.17b)$$

$$A_{3333} = \frac{2}{3}\left(\frac{\sigma_v}{\sigma_{fz}}\right)^2 . \qquad (5.17c)$$

Hieraus folgt

$$A_{1122} = -\frac{\sigma_f^{*2}}{3}\left(\frac{1}{\sigma_{fr}^2} + \frac{1}{\sigma_{f\theta}^2} - \frac{1}{\sigma_{fz}^2}\right) \qquad (5.18a)$$

$$A_{1133} = -\frac{\sigma_f^{*2}}{3}\left(\frac{1}{\sigma_{fr}^2} - \frac{1}{\sigma_{f\theta}^2} + \frac{1}{\sigma_{fz}^2}\right) \qquad (5.18b)$$

$$A_{2233} = -\frac{\sigma_f^{*2}}{3}\left(-\frac{1}{\sigma_{fr}^2} + \frac{1}{\sigma_{f\theta}^2} + \frac{1}{\sigma_{fz}^2}\right) . \qquad (5.18c)$$

Im isotropen Sonderfall mit $\sigma_f^* = \sigma_v = \sigma_{fr} = \sigma_{f\theta} = \sigma_{fz}$,

$$A_{1111} = A_{2222} = A_{3333} = \frac{2}{3} \qquad (5.19a)$$

$$A_{1122} = A_{1133} = A_{2233} = -\frac{1}{3} \qquad (5.19b)$$

und aus der Gleichung (5.15)

$$f = g = h = \frac{1}{2} . \qquad (5.20)$$

Damit geht die Hill-Bedingung in Gl. (5.12) mit Berücksichtigung der Orthotropie unmittelbar in die von Misessche Fließbedingung über

$$\left(\sigma_\theta - \sigma_z\right)^2 + \left(\sigma_z - \sigma_r\right)^2 + \left(\sigma_r - \sigma_\theta\right)^2 = 2\sigma_v^2 . \qquad (5.21)$$

5.3 Kontinuumsmechanische Beschreibung der radialen Anisotropie

Bei der radialen Anisotropie, bei der sich die Eigenschaften bei einer beliebigen Drehung um die radiale Achse nicht ändern sollen, müssen die Fließspannungen in axialer und tangentialer Richtung, σ_{fz} und $\sigma_{f\theta}$, in der Isotropenebene mit σ_v identifiziert werden. Mit dieser Vorstellung vereinfachen sich die Beziehungen in Gleichungen (5.17) und (5.18) zu

$$A_{1111} = \frac{2}{3}\left(\frac{\sigma_v}{\sigma_{fr}}\right)^2 , \quad A_{2222} = A_{3333} = \frac{2}{3}$$

$$A_{1122} = A_{1133} = -\frac{1}{3}\left(\frac{\sigma_v}{\sigma_{fr}}\right)^2 , \quad A_{2233} = -\frac{2}{3}\left(1 - \frac{1}{2}\left(\frac{\sigma_v}{\sigma_{fr}}\right)^2\right) \tag{5.22}$$

wobei σ_v die Fließspannung in der isotropen Ebene, und σ_v/σ_{fr} als einziger Anisotropieparameter maßgebend ist. Wegen Gl.(5.14) und Gl.(5.22) muß g gleich h sein.

Für einen anisotropen Werkstoff läßt sich das Stoffgesetz nach v. Mises mit Hilfe des Hillschen anisotropen Fließkriteriums eines orthotropen Falls in Gl.(5.12) modifizieren,

$$\dot{\varepsilon}_r = \frac{\dot{\varepsilon}_v}{\sigma_v}\left((g+h)\sigma_r - h\sigma_\theta - g\sigma_z\right) \tag{5.23a}$$

$$\dot{\varepsilon}_\theta = \frac{\dot{\varepsilon}_v}{\sigma_v}\left((h+f)\sigma_\theta - h\sigma_r - f\sigma_z\right) \tag{5.23b}$$

$$\dot{\varepsilon}_z = \frac{\dot{\varepsilon}_v}{\sigma_v}\left((f+g)\sigma_z - f\sigma_\theta - g\sigma_r\right) . \tag{5.23c}$$

Bei einem einachsigen Belastungsfall wird die radiale Anisotropie ähnlich wie bei Pöhlandt [59] definiert

$$R = \left(\frac{\dot{\varepsilon}_\theta}{\dot{\varepsilon}_r}\right)_{(\sigma_\theta = \sigma_r = 0)} . \tag{5.24}$$

Mit der Definition in Gl.(5.24) und mit der Stoffbeziehung in Gl.(5.23) wird

$$R = \frac{(h+f)\sigma_\theta - h\sigma_r - f\sigma_z}{(g+h)\sigma_r - h\sigma_\theta - g\sigma_z} . \tag{5.25}$$

Mit $\sigma_\theta = 0$ und $\sigma_r = 0$ wird die radiale Anisotropie R in Anisotropieparametern im Fließkriterium ausgedrückt als

$$R = \frac{-f\sigma_z}{-g\sigma_z} = \frac{f}{g} \ . \tag{5.26}$$

und aus Gl.(5.15) und Gl.(5.22)

$$R = \frac{A_{2233}}{A_{1133}} = \frac{2 - \left(\dfrac{\sigma_v}{\sigma_{fr}}\right)^2}{\left(\dfrac{\sigma_v}{\sigma_{fr}}\right)^2} \tag{5.27}$$

damit ergibt sich

$$\left(\frac{\sigma_v}{\sigma_{fr}}\right)^2 = \frac{2}{1+R} \ . \tag{5.28}$$

Der Ausdruck in der Gl.(5.22) kann durch Ersetzen von $\left(\dfrac{\sigma_v}{\sigma_{fr}}\right)^2$ mit R für Axial-

symmetrie übergehen in

$$A_{1111} = \frac{2}{3}\left(\frac{2}{1+R}\right), \ A_{2222} = A_{3333} = \frac{2}{3}$$

$$A_{1122} = A_{1133} = -\frac{1}{3}\left(\frac{2}{1+R}\right) \tag{5.29}$$

$$A_{2233} = -\frac{2}{3}\left(1 - \frac{1}{2}\left(\frac{2}{1+R}\right)\right).$$

Zur Implementierung der radialen Anisotropie in die FE-Formulierung werden Spannungsdifferenzen mit Multiplikation von Gl.(5.23a) mit f, Gl.(5.23b) mit g und Gl.(5.23c) mit h und mit Bildung von Differenzen $f\dot{\varepsilon}_r - g\dot{\varepsilon}_\theta$, $g\dot{\varepsilon}_\theta - h\dot{\varepsilon}_z$ und $h\dot{\varepsilon}_z - f\dot{\varepsilon}_r$ in Formänderungsgeschwindigkeiten dargestellt

$$(\sigma_r - \sigma_\theta) = \frac{\sigma_v\left(f\dot{\varepsilon}_r - g\dot{\varepsilon}_\theta\right)}{\dot{\varepsilon}_v\left(fg + gh + hf\right)} \tag{5.30a}$$

$$(\sigma_\theta - \sigma_z) = \frac{\sigma_v\left(g\dot{\varepsilon}_\theta - h\dot{\varepsilon}_z\right)}{\dot{\varepsilon}_v\left(fg + gh + hf\right)} \tag{5.30b}$$

$$(\sigma_z - \sigma_r) = \frac{\sigma_v\left(h\dot{\varepsilon}_z - f\dot{\varepsilon}_r\right)}{\dot{\varepsilon}_v\left(fg + gh + hf\right)} \ . \tag{5.30c}$$

Substituiert man Gl.(5.30) in Gl.(5.12), dann ist

$$\dot{\varepsilon}_v = \left\{ f\left(g\dot{\varepsilon}_\theta - h\dot{\varepsilon}_z \right)^2 + g\left(h\dot{\varepsilon}_z - f\dot{\varepsilon}_r \right)^2 + h\left(f\dot{\varepsilon}_r - g\dot{\varepsilon}_\theta \right)^2 \right\}^{\frac{1}{2}} \Big/ \left(fg + gh + hf \right) \tag{5.31}$$

Die Beziehung in der Gl.(5.31) kann in der FE-Formulierung zu der Anisotropiematrix D beitragen, die Anisotropieeigenschaften enthält. Die Implementierung der Matrix D in FE-Formulierung wird in Kap.6.3 näher erläutert.

$$D = \frac{1}{\left(fg + gh + hf \right)^2} \begin{bmatrix} f^2(h+g) & -fgh & -fgh \\ -fgh & h^2(f+g) & -fgh \\ -fgh & -fgh & g^2(f+h) \end{bmatrix} \tag{5.32}$$

Durch die Elimination des Parameters h ist die Anisotropiematrix D

$$D = \frac{1}{\left(2fg + g^2 \right)^2} \begin{bmatrix} 2f^2g & -fg^2 & -fg^2 \\ -fg^2 & g^2(f+g) & -fg^2 \\ -fg^2 & -fg^2 & g^2(f+g) \end{bmatrix} \tag{5.33}$$

oder durch die Elimination des Parameters g

$$D = \frac{1}{\left(2fh + h^2 \right)^2} \begin{bmatrix} 2f^2h & -fh^2 & -fh^2 \\ -fh^2 & h^2(f+h) & -fh^2 \\ -fh^2 & -fh^2 & h^2(f+h) \end{bmatrix} \tag{5.34}$$

Die Anisotropiematrix D kann mit Hilfe der Beziehungen (5.15) und (5.28) in dem Anisotropie-Parameter R dargestellt werden.

$$D = \frac{1}{\left(\frac{2}{1+R} - \left(\frac{1}{1+R} \right)^2 \right)^2} \begin{bmatrix} \frac{2}{1+R}\left(1 - \left(\frac{1}{1+R} \right) \right)^2 & -\left(\frac{1}{1+R} \right)^2\left(1 - \frac{1}{1+R} \right) & -\left(\frac{1}{1+R} \right)^2\left(1 - \frac{1}{1+R} \right) \\ -\left(\frac{1}{1+R} \right)^2\left(1 - \frac{1}{1+R} \right) & \left(\frac{1}{1+R} \right)^2 & -\left(\frac{1}{1+R} \right)^2\left(1 - \frac{1}{1+R} \right) \\ -\left(\frac{1}{1+R} \right)^2\left(1 - \frac{1}{1+R} \right) & -\left(\frac{1}{1+R} \right)^2\left(1 - \frac{1}{1+R} \right) & \left(\frac{1}{1+R} \right)^2 \end{bmatrix} \tag{5.35}$$

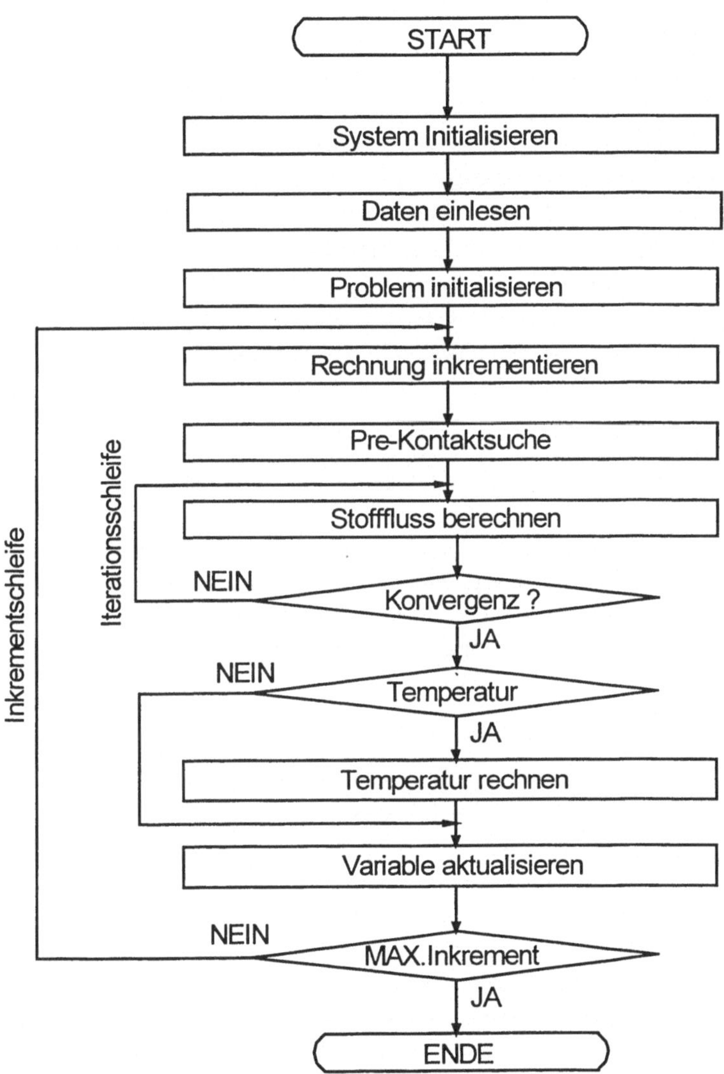

Bild 6.1 : Ein vereinfachtes Flußdiagramm des Programms PLADAT

Das Programm PLADAT (**PLA**stische Deformations**A**nalyse mit **T**emperatur) ist ein am Institut für Umformtechnik, Universität Stuttgart, entwickeltes FEM Programmsystem, das auf dem FE-Programm PLADAN [25] und auf der in Kapitel 4 und 5 beschriebenen Finite-Elemente-Formulierung und Kontaktformulierung aufbaut und in Programmiersprache FORTRAN 77 geschrieben ist. In dem Programm PLADAT sind das starr-plastische Stoffgesetz von Levy-Mises zur Beschreibung des Fließverhaltens, das Hillsche Fließkriterium zur Berücksichtigung anisotroper Materialeigenschaften und das Fouriersche Wärmeleitgesetz implementiert und daher kann das Programm zur Analyse der Verschiebungsgeschwindigkeits-, Spannungs- und Temperaturfelder in Massivumformvorgängen wirkungsvoll eingesetzt werden. Mit dem Programm PLADAT können sowohl zweidimensionale, d.h. ebene und axialsymmetrische, als auch allgemeine dreidimensionale Umformvorgänge simuliert werden. Das vereinfachte Flußdiagramm des Programms PLADAT ist im Bild 6.1 dargestellt.

6.1   Aufbau des Programms und Beschreibung der Module

Wenn das Programm gestartet wird, werden im Modul **System Initialisieren** globale Parameter initialisiert, die beispielsweise die vom Rechnertyp abhängigen Werte enthalten. Das Programm benötigt als Eingabe Daten zur geometrischen und thermodynamischen Beschreibung des Problems und zur Beschreibung des Werkstoffverhaltens. Im Modul **Daten Einlesen** werden die Eingabedaten in das Programm eingelesen.

Anschließend werden im Modul **Problem Initialisieren** eine Reihe von Initialisierungen bzw. Ermittlungen, die problemspezifisch sind, vorgenommen, d.h. die Vorbelegung der benötigten Speichergröße und deren Plätze und Operationen für Oberflächenbestimmung. In dem entwickelten Programm PLADAT ist die mechanische Berechnung (elastische Verformung) der Werkzeuge nicht vorgesehen, und daher werden die Speicherplätze nur für Struktursteifigkeit des Werkstücks im Submodul 1 reserviert. Der Speicherplatzbedarf für die thermische Rechnung ist je nach der Problemmodellierung unterschiedlich. Die erforderliche Größe für die thermische Rechnung eines Körpers wird im Submodul 2 ermittelt und während der Körperschleife aufaddiert, um die gesamte Speicherplätze für thermische Rechnung im Submodul 5 bestellen zu können. Die Oberflächenstruktur bzw. Oberfläche eines Körpers wird ebenfalls in der Körperschleife im Submodul 3 bestimmt, falls der Körper mechanisch bzw. thermisch diskretisiert ist.

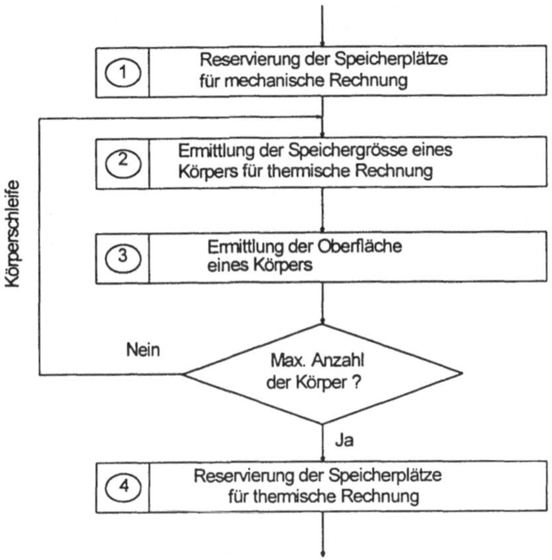

Bild 6.2 : Modul Problem initialisieren

In der folgenden Inkrementschleife wird im Modul **Rechnung Inkrementieren** des Werkzeugs (Stempel) im Hinblick auf die umformtechnische Anwendung um jeweils ein Inkrement des Umformweges weiter bewegt.

Im Modul **Pre-Kontaktsuche** werden die Segmente auf der führenden Seite und Knoten auf der geführten Seite ermittelt, die sich im Überschneidungsraum zweier Umschließungsräumen befinden. Knoten auf der geführten Seite werden nach dem Zuordnungskriterium, das in Abschnitt 4.3.2 beschrieben ist, zu Segmenten auf der führenden Seite zugeordnet.

Nach der Verarbeitung der Eingabedaten und der Reservierung der notwendigen Speicherplätze wird im Modul **Stofffluß Berechnen** zunächst im Submodul 1 die Post-Kontaktsuche durchgeführt, in der ausgehend aus der Zuordnungsliste der Pre-Kontaktsuche eine neue Knoten-Segment Zuordnungsliste aufgestellt wird. Die Vorgehensweise hierzu wurde im Abschnitt 4.3.3 beschrieben. Die Steifigkeitsmatrix zur Bestimmung des Anfangsgeschwindigkeitsfeldes (nur am Anfang der Rechnung) und die Steifigkeitsmatrizen zur Bestimmung des optimalen Geschwindigkeitsfeldes (für weitere Rechnungen) werden im Submodul 3 erstellt. Beiträge der Kontakte zur

Gesamtsteifigkeit und Kraftvektor werden im Submodul 3 nach dem Penalty-Verfahren berechnet und assembliert.

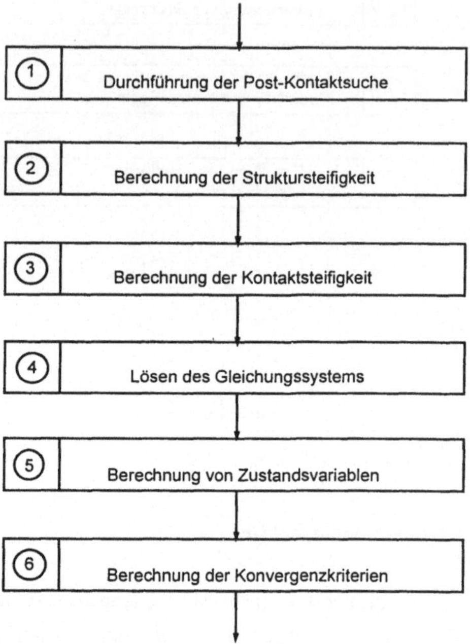

Bild 6.3 : Modul Stofffluß berechnen

Das gesamte Gleichungssystem wird in Submodul 4 nach den unbekannten Geschwindigkeiten an Elementknoten gelöst. Mit den in Submodul 4 ermittelten Knotengeschwindigkeiten werden in Submodul 5 Formänderungsgeschwindigkeiten, Spannungen und innere Kräfte berechnet.

Zum Konvergenztest werden in Submodul 6 drei Konvergenzkriterien gleichzeitig berechnet und überprüft, ob die vorgegebenen Grenzwerte e_1, e_2, e_3 unterschritten sind. Für das erste Abbruchkriterium bietet sich die Änderung der Energie zwischen zwei Iterationsschritten an.

$$e = \frac{\left| \pi'^{(n+1)} - \pi'^{(n)} \right|}{\pi'^{(n)}} < e_1 \qquad (6.1)$$

Das zweite Abbruchkriterium wird aus der Änderung innerer Kräfte berechnet.

$$e = \frac{\left\| F_N^{(n+1)} - F_N^{(n)} \right\|}{\left\| F_N^{(n)} \right\|} < e_2 \tag{6.2}$$

$$\text{wobei} \qquad \left\| F_N \right\| = \sqrt{\sum_i^k \left(F_N^{(i)} \right)^2}.$$

Die Anzahl k berechnet sich aus den drei Geschwindigkeits- bzw. Kraftfreiheitsgraden je Knotenpunkt multipliziert mit der Anzahl der Knotenpunkte. Das dritte Abbruchkriterium läßt sich durch die Bildung der Norm der Geschwindigkeiten gewinnen.

$$e = \frac{\left\| v_N^{(n+1)} - v_N^{(n)} \right\|}{\left\| v_N^{(n)} \right\|} < e_3 \tag{6.3}$$

$$\text{wobei} \qquad \left\| v_N \right\| = \sqrt{\sum_i^k \left(v_N^{(i)} \right)^2}.$$

Die Rechnung wird erst abgebrochen, wenn alle drei Schranken e_1, e_2, e_3 unterschritten werden. So wird die Iterationsschleife zur Bestimmung des optimalen Geschwindigkeitsfeldes beendet.

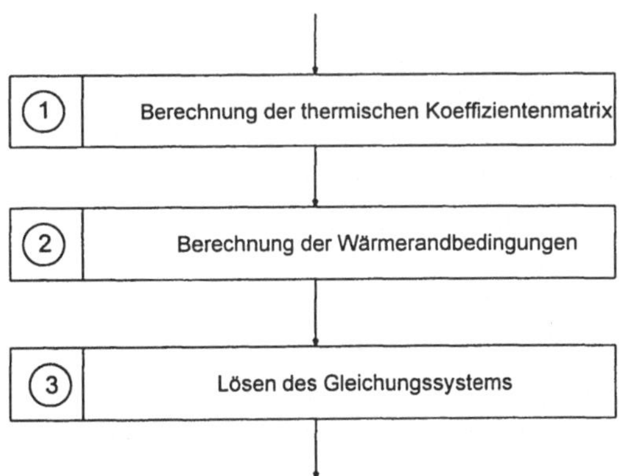

Bild 6.4 : Modul Temperatur rechnen

Die Berechnung der thermischen Koeffizientenmatrix, die aus der thermischen Leitfähigkeitsmatrix K und der thermischen Kapazitätsmatrix C in Gl.(3.62) besteht, wird im Submodul 1 körperweise durchgeführt und mit der Berücksichtigung der Zeitintegration zu der Gesamtkoeffizientenmatrix assembliert. Die Wärmeflüsse am Rand, d.h. Wärmeleitung durch Kontakte, Strahlung und Konvektion an freien Stellen, werden in Submodul 2 nach der Rechenregel Gl.(3.65), Gl.(3.66) und Gl.(3.67) berechnet und zu dem Vektor der Wärmeströme in Gl.(3.62) addiert. Die Kontaktstellen, die von der Post-Kontaktsuche für eine Iteration ermittelt worden sind, werden zur Berechnung der Kontaktwärmeleitung von dem ausiterierten Zustand der mechanischen Rechnung übernommen. Zur Berechnung der Wärmeströme an freien Stellen werden die freien Ränder aus der Oberflächenstruktur und den Kontaktstellen ermittelt.

$$\Gamma_{frei} = \Gamma_{ges} - \Gamma_{cont} \qquad (6.4)$$

wobei Γ_{frei} : freier Oberflächenteil

Γ_{ges} : gesamte Oberfläche

Γ_{cont} : Kontaktstelle.

Die Wärmeerzeugung aufgrund dissipierter Umformarbeit im Werkstück wird nach der Gl.(3.68) berechnet. Die Reibarbeit an der Kontaktstelle wird zu zwei Kontaktpartnern knotenweise jeweils zur Hälfte zugeordnet.

6.2 Beschreibung der implementierten Elemente und Segmente

Die Durchführbarkeit von numerischen Berechnungen dreidimensionaler Umformvorgänge setzt in der Praxis relativ einfache Elemente voraus, da kompliziertere Elemente mit mehr Freiheitsgraden rechentechnisch zu erheblichen Problemen führen [26]. Als ebenes und axialsymmetrisches Element werden ein isoparametrisches 4-Knoten Quadratelement (QUAD4-Element) und als räumliches dreidimensionales Element ein isoparametrisches 8-Knoten Hexaederelement (HEXE8-Element) im Programm PLADAT gewählt (Bild 6.5 und Bild 6.6).

Die QUAD4- und HEXE8-Elemente werden für die Stoffflußberechnung als auch für die Temperaturfeldberechnung verwendet, jedoch mit unterschiedlichen Freiheitsgraden an einem Knotenpunkt (zwei bzw. drei Freiheitsgraden bei Stoffflußberechnung und einem Freiheitsgrad bei Temperaturfeldberechnung).

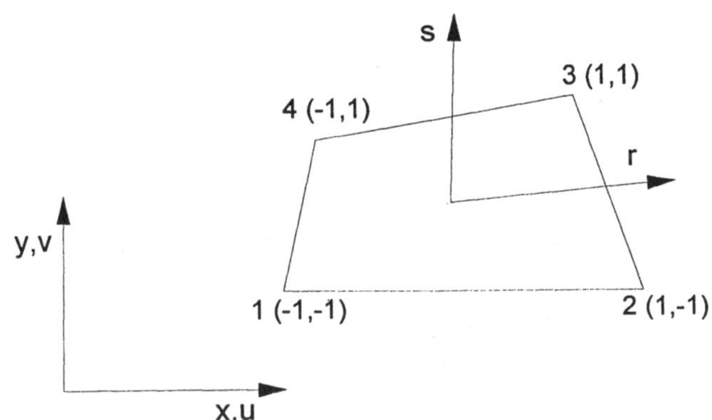

Bild 6.5 : Ein quadratisches Element mit vier Knoten (QUAD4)

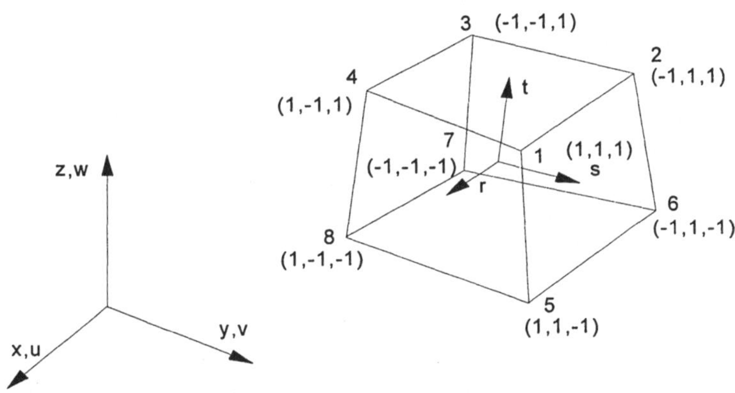

Bild 6.6 : Ein Hexaederelement mit acht Knoten (HEXE8)

Die verwendeten Elemente werden durch bilineare bzw. trilineare Formfunktionen beschrieben,

$$N_i = \frac{1}{4}\left(1+rr_i\right)\left(1+ss_i\right) \quad \text{für das QUAD4 Element und}$$

$$N_i = \frac{1}{8}\left(1+rr_i\right)\left(1+ss_i\right)\left(1+tt_i\right) \quad \text{für das HEXE8 Element,} \qquad (6.5)$$

wobei r_i, s_i und t_i die Koordinaten der Knotenpunkte im natürlichen Koordinatensystem sind.

Für die Koordinaten x, y und z gilt damit:

$$x = \sum_{i=1}^{8} N_i \, x_i \, , \quad y = \sum_{i=1}^{8} N_i \, y_i \, , \quad z = \sum_{i=1}^{8} N_i \, z_i \tag{6.6}$$

mit den Koordinaten der Elementknoten x_i, y_i und z_i .

Die Geschwindigkeitsverteilung im Element wird analog ausgedrückt durch

$$u = \sum_{i=1}^{8} N_i \, u_i \, , \quad v = \sum_{i=1}^{8} N_i \, v_i \, , \quad w = \sum_{i=1}^{8} N_i \, w_i \tag{6.7}$$

mit den Knotenverschiebungsgeschwindigkeiten u_i, v_i und w_i .

In der vorliegenden Arbeit wurde das Konzept eines Segmentes eingeführt. Segmente dienen zur Modellierung von Bereichsberandungen (Rand einer Fläche, Oberfläche eines Körpers) [74]. Im Programm PLADAT sind einige Segmenttypen implementiert, die im Bild 6.7 dargestellt sind.

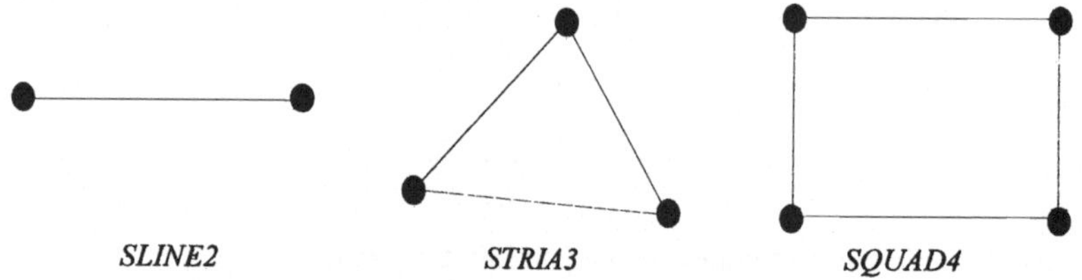

Bild 6.7 : Segmenttypen im Programm PLADAT

Da die Oberflächensegmente durch den Oberflächenalgorithmus aus den diskretisierten Elementen ermittelt werden (s.Abschnitt.4.3.1), können nur SLINE2 und SQUAD4 im Programm PLADAT erzeugt werden. Wenn die Werkzeuge mechanisch und thermisch starr modeliert werden, d.h. explizite Eingabe der Segmente von außen, kann der Segmenttyp STRIA3 auch zur Modellierung der Werkzeugoberfläche vorgegeben werden.

6.3 Implementierung der radialen Anisotropie

Die entwickelte Formulierung für die radiale Anisotropie in Kapitel 5 wurde in das FE Programm PLADAT implementiert.

Die radiale Anisotropie führt zu der Vergleichsformänderungsgeschwindigkeit, die sich aufgrund der Anisotropieparameter im Hillschen Fließkriterium von der v.Miseschen unterscheidet Gl.(5.12). Zur Simulation eines anisotropen Werkstoffs müssen die anisotropen Eigenschaften des Materials durch die Anisotropiematrix D in Gl.(5.35) berücksichtigt werden.

Der Potentialausdruck für den gesamten Körper läßt sich mit Hilfe der Gl.(5.31) unter Berücksichtigung der anisotropen Vergleichsformänderungsgeschwindigkeit in diskretisierter Form darstellen.

$$\pi' = \sum_{j}^{m} \left[\int_{V_j} k_f \left(v^T B^T D B v \right)^{\frac{1}{2}} dV + \int_{V_j} \sigma_m \left(C^T B v \right) dV - \int_{S_j} \sigma^s N^s v^s dS \right] \rightarrow stat. \tag{6.8}$$

$$\text{wobei } \dot{\varepsilon}_v = \sqrt{\dot{\varepsilon}_{ij} D \dot{\varepsilon}_{ij}} = \sqrt{v^T B^T D B v}$$

D : Matrix zur Berücksichtigung der Anisotropie nach Gl. (5.35)

C : Vektor zum Verknüpfen der Hauptdehnungen

σ^S : Oberflächenspannung $(\sigma^S = n_i \sigma_{ij})$

m : Anzahl der Elemete.

Durch Differentiation nach v und σ_m wird Gl.(6.8)

$$\frac{\partial \pi'}{\partial v} = \sum_{j}^{m} \left[\int_{V_j} k_f \left(v^T B^T D B v \right)^{-\frac{1}{2}} B^T D B v \, dV + \int_{V_j} \sigma_m C^T B \, dV - \int_{S_j} N^T \sigma^S dS \right] = 0$$

$$\tag{6.9a}$$

und

$$\frac{\partial \pi'}{\partial \sigma_m} = \sum_{j}^{m} \int_{V_j} v^T B^T C \, dV = 0. \tag{6.9b}$$

In der Matrixschreibweise läßt sich Gl.(6.9)

$$\begin{bmatrix} K(v) & Q^T \\ Q & 0 \end{bmatrix} \begin{bmatrix} v \\ \sigma_m \end{bmatrix} = \begin{bmatrix} T \\ 0 \end{bmatrix} \qquad (6.10)$$

mit
$$K(v) = \sum_j^m \int_{V_j} k_f \left(v^T B^T D B v \right)^{-\frac{1}{2}} B^T D B \, dV$$

$$Q = \sum_j^m \int_{V_j} C^T B \, dV$$

$$T = \sum_j^m \int_{S_j} N^T \sigma^s \, dS$$

schreiben.

6.4 Rechentechnische Konzepte für eine thermomechanische Kopplung.

Nach Blix [85] und Miehe [86] sind mehrere Arten von thermomechanischer Kopplung möglich, die mechanische und thermische Lösungen auf unterschiedliche Weise suchen.

- Simultane Kopplung: Die Temperatur wird als zusätzliche Variable im Lösungsvektor bei der mechanischen Rechnung behandelt. Man erhält dadurch eine beide Teilprobleme umfassende Gesamtsteifigkeit, die aufgrund der Temperaturbeiträge sehr unhandlich ist, wodurch zur Lösung des Gleichungssystems ein großer Rechenaufwand notwendig wird.

- Nichtsimultane Kopplung: bei einer nichtsimultanen Kopplung bieten sich zwei Möglichkeiten an:

a) Iterative Kopplung: In einem Lastinkrement wird die Temperaturrechnung nach jeder mechanischen Iteration durchgeführt. Die Fließspannung des Werkstoffs wird in Abhängigkeit von der Temperatur mitgeführt und von der nächsten mechanischen Rechnung übernommen. Der beschriebene Rechenvorgang wiederholt sich, bis Verschiebungsgeschwindigkeiten und Temperaturen konvergieren.

b) Inkrementelle Kopplung: Erst nach der Konvergenz der mechanischen Rechnung wird die Temperaturrechnung durchgeführt. Die mechanische

Berechnung basiert auf dem Temperaturfeld des zuletzt gerechneten Lastschrittes.

Die simultane Kopplung hat sich wegen des zu hohen Rechenaufwandes als nicht praktikabel erwiesen. Die iterative Kopplung und inkrementelle Kopplung ergeben fast gleiche Temperaturfelder bei guter Genauigkeit [96].

Im Programm PLADAT ist daher die inkrementelle Kopplung realisiert. Da in Gl.(3.62) C, K und Q während eines Inkrements konstant gehalten werden, d.h. das Gleichungssystem Gl.(3.62) linear in einem Inkrement ist, wird das Gleichungssystem direkt ohne Iteration gelöst.

7 Strangpressen

7.1 Allgemeines

Die Strangpreßtechnik blickt heute auf ihre fast ein hundert Jahre alte Geschichte zurück. Als Formgebungsverfahren bestand das Strangpreßverfahren bereits seit mehreren Jahrzenten vor 1890 in der Ziegelfertigung, Nahrungsmittel- und Seifenindustrie. In der Metallindustrie war das Verfahren seit Ende des 18.Jahrhunderts in Gebrauch [28].

Nach DIN 8583 ist Strangpressen ein Verfahren zum Durchdrücken eines Blockes, der von einem Aufnehmer umschlossen ist, durch eine formgebende Öffnung (Matrize,Düse) [29]. Durch die Umformung wird der Ausgangsquerschnitt des Werkstückes verringert und ein Strang (Stab) mit vollem oder hohlem Endquerschnitt erzeugt. Durch das Strangpressverfahren werden vor allem Halbzeuge wie Stäbe, Rohre, Profile usw. produziert. Aufgrund der hohen Kraft, die zum Pressen des Materials benötigt wird, werden Metalle überwiegend bei einer hohen Temperatur verarbeitet. Die Reaktion des Strangs mit der Matrize und dem Blockaufnehmer resultiert in hohen Druckspannungen, welche zur Reduzierung der Innenfehler sehr wirksam sind. Daher kann das Verfahren zum Pressen schwer umformbarer Werkstoffe wie Edelstähle, auf Nickelbasis-Legierungen und andere hochlegierte Stähle effektiv eingesetzt werden [5]. Als wichtigste Grundparameter für das Strangpressen sind die Werkstoffkennwerte und die zugeordneten Betriebsbedingungen anzusehen, zu denen die Umformtemperatur T, die Preßgeschwindigkeit v und das Verhältnis A_0/A_1 zwischen Block- und Profilquerschnitt bzw. der Umformgrad $\varphi_{max} = ln(A_0/A_1)$ zu zählen sind [29].

Ein wichtiger Vorteil gegnüber anderen Verfahren wie Walzen oder Ziehen ist, daß praktisch beliebige Querschnittformen hergestellt werden können, und zwar nicht nur Vollprofile, sondern auch Hohlprofile. Im Gegensatz zum Fließpressen wird beim Strangpressen in der Regel warm umgeformt. Für die Durchführbarkeit des Strangpreßvorganges spielt weiterhin der erzielbare mittlere Preßdruck eine entscheidende Rolle, der sich aus der Preßkraft der Strangpreßmaschine und dem Blockquerschnitt ergibt.

Die Einteilung der verschiedenen Strangpreßverfahren erfolgt wie beim Fließpressverfahren nach der Richtung des Stoffflusses, bezogen auf die Wirkrichtung der Maschine, sowie danach, ob das Werkstück voll oder hohl gepreßt wird. Demzufolge unterscheidet man die Strangpreßverfahren:

- Voll-Vorwärts-Strangpressen,
- Hohl-Vorwärts-Strangpressen,
- Voll-Rückwärts-Strangpressen,
- Hohl-Rückwärts-Strangpressen,
- Voll-Quer-Strangpressen,
- Hohl-Quer-Strangpressen.
- Hydrostatisches Strangpressen

Als Sonderverfahren des hydrostatischen Strangpressens ist noch das Hydraform-Verfahren zu nennen [43]. In der industriellen Fertigung wird fast ausschließlich das Vorwärts-Strangpressen von o.g. Verfahren eingesetzt, während das Rückwärts-Verfahren aufgrund seiner aufwendigen Maschinenanlagen zu speziellen Zwecken bedingt verwendet wird. Das hydrostatische Verfahren wurde in den letzten Jahrzenten intensiv in Forschungsinstituten und Industrie weiterentwickelt. Industriell wird das hydrostatische Strangpressen hauptsächlich zum Strangpressen spezieller Werkstoffe, z.B. kupferummantelte Aluminium-Stränge, eingesetzt. Die prinzipielle Darstellung unterschiedlicher Verfahren ist im Bild 7.1 gegeben.

Zum Strangpressen kommen Matrizen mit Öffnungswinkeln von $2\alpha = 180°$ (Flache Matrize) oder $2\alpha < 180°$ zur Anwendung (Bild 7.2). Leichtmetalle werden mit $2 \cdot \alpha = 180°$, häufig ohne Schmierung, mit oder ohne Schale, umgeformt. Für schwer umformbare Werkstoffe werden mit Matrizen mit $2\alpha < 180°$ ausgeführt, wenn mit Schmierung gepreßt wird, oder mit $2\alpha = 180°$ beim Pressen mit Schale. In der Schale bleiben unerwünschte Oxideinschlüsse und sonstige Verunreinigungen erhalten, und nach dem Preßvorgang wird die Schale von dem Blockaufnehmer entfernt.

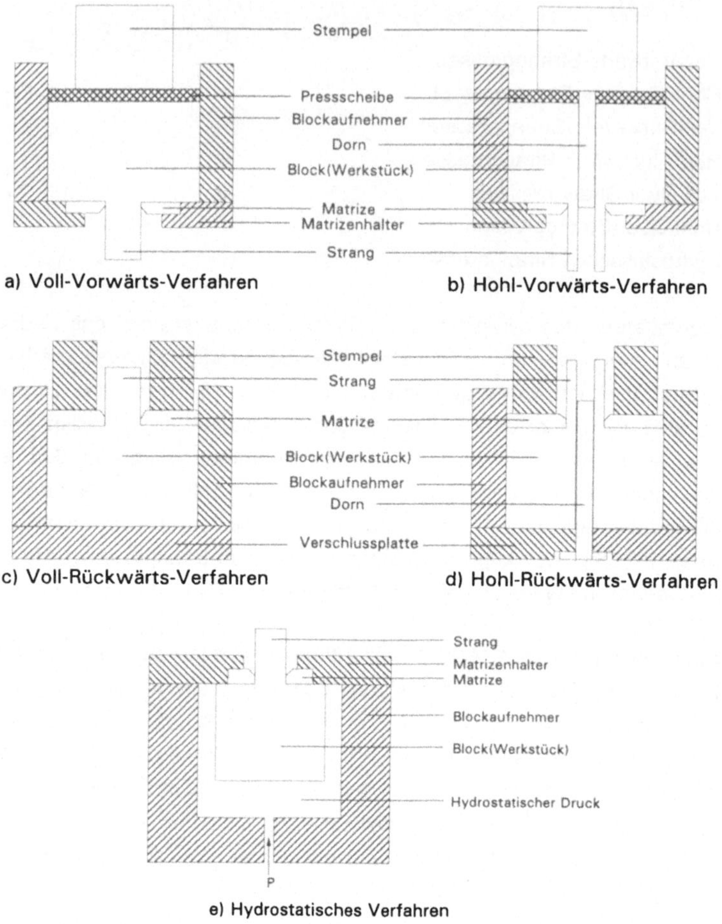

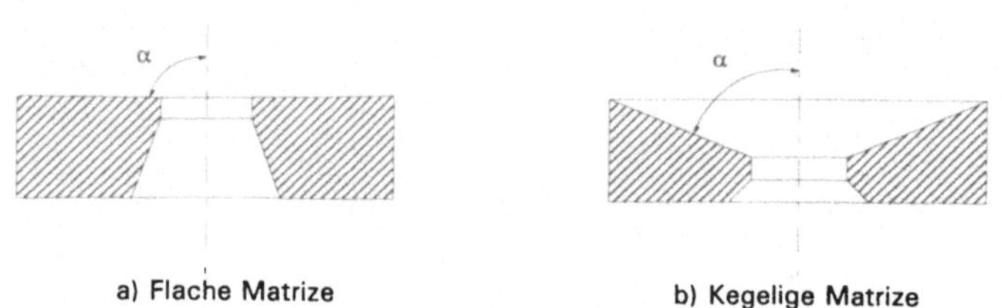

Bild 7.1 : Schematische Darstellung der wichtigen Strangpreßverfahren

Bild 7.2 : Typische Form der Strangpreßmatrizen

7.2 Beschreibung des Verfahrens

Beim Vorwärts-Strangpressen wird der Block in einen Aufnehmer eingesetzt und anschließend durch die Matrize gepreßt. Hierbei tritt eine Relativbewegung zwischen Block und Aufnehmer auf, die ein wesentliches Merkmal dieses Verfahrens ist. Wenn mit Schale gepreßt wird, setzt man vor dem Preßstempel eine Preßscheibe ein, deren Durchmesser merklich kleiner als der Aufnehmerdurchmesser ist. Durch diese Maßnahme wird ein Kern aus dem Block herausgeschert, während eine dünne Randschicht, die oft unerwünschte Oxideinschlüsse und sonstige Verunreinigungen enthalten kann, als Schale stehen bleibt und nach Beendigung des eigentlichen Strangpreßvorgangs entfernt werden muß. Sollen Hohlprofile durch Vorwärts-Strangpressen erzeugt werden, so bietet sich die Möglichkeit, mit Werkzeugen besonderer Bauart (Bügel- oder Brückenmatrizen) oder über einen Dorn zu pressen.

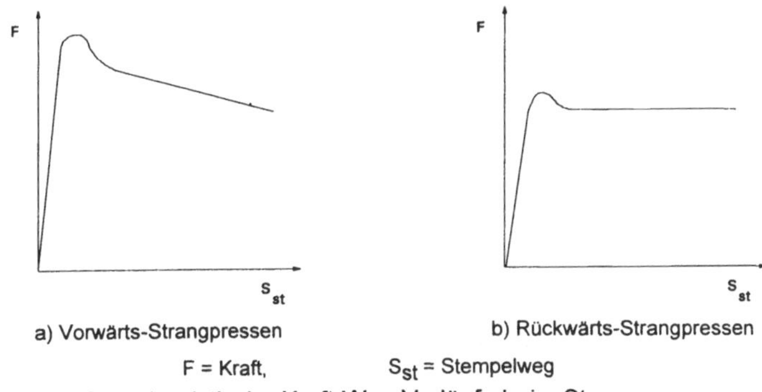

a) Vorwärts-Strangpressen   b) Rückwärts-Strangpressen

F = Kraft, S_{st} = Stempelweg

Bild 7.3 : Charakteristische Kraft-Weg-Verläufe beim Strangpressen

Das Rückwärts-Strangpressen unterscheidet sich vom Vorwärts-Strangpressen vor allem dadurch, daß der Block im Aufnehmer in Ruhe bleibt. Der Stempel ist als Hohlstempel ausgebildet und trägt an seinem vorderen Ende die Strangpressmatrize. Wird er gegen den in Aufnehmer befindlichen Block bewegt, so tritt der ausgepreßte Strang durch den Hohlstempel nach hinten aus der Maschine aus. Da keine Relativbewegung zwischen Block und Aufnehmer stattfindet, treten auch keine Reibungsverluste zwischen Block und Aufnehmer auf, wodurch sich spezifische Vorteile gegenüber dem Vorwärts-Strangpressen, wie z.B. geringere Preßkräfte, günstiger Stofffluß, relativ gleichmäßigere Strangaustrittstemperetur, geringere Neigung zu Preßfehlern ergeben.

7.3 Werkstoffe für das Strangpressen

Leichtmetalle und fast alle legierte und unlegierte Stähle und andere Sondermetalle lassen sich durch Strangpressen umformen. Als Gruppierungskriterium kann die Umformbarkeit im allgemeinen und die Preßbarkeit beim Strangpressen gewählt werden [44]. Ber Begriff Umformbarkeit sagt aus, wie leicht und wie gut sich ein Werkstoff umformen läßt. Er ist leicht umformbar, wenn seine Fließspannung k_f niedrig ist, und gut umformbar, wenn sein Formänderungsvermögen φ_{Br} groß ist. Die Preßbarkeit eines Werkstoffs läßt sich nach [44] definieren als

$$\eta = \frac{\varphi_{Br}}{k_f}.$$

(7.1)

Während die Fließspannung k_f von der Belastungsart oder vom Umformverfahren nahezu unabhängig ist, wird das Formänderungsvermögen φ_{Br} in starkem Maße von dem bei der Umformung herrschenden Spannungszustand beeinflußt. Daher kann die Preßbarkeit η , die durch Laborversuchswerte ermittelt worden ist, keine exakte Aussage über das Strangpressen machen. Jedoch kann die Strangpreßbarkeit, die aus einem Verdrehversuch bestimmt wurde, nach bisherigen Erfahrungen zur folgender Einstufung zum Anhalt dienen [44].

$\eta = \dfrac{\varphi_{Br}}{k_f} \left[mm^2 / N \right]$	Strangpreßbarkeit
bis 0,2	schlecht
0,2 bis 0,4	mäßig
0,4 bis 1,5	gut
ab 1,5	sehr gut

Tabelle 7.1 : Einteilung der Strangpreßbarkeit nach [44]

Die Strangpreßbarkeit von Stählen ist im allgemeinen so schlecht, daß zum Strangpressen dieser Werkstoffe die Strangpreßbarkeit mit einer besonderen Maßnahme erhöht werden muß. Die Erhöhung der Blocktemperatur führt beispielsweise zu einer niedrigen Fließspannung und somit zu einer größeren Strangpreßbarkeit. Mit der hohen Blockeinsatztemperetur sind auf der anderen Seite ein hoher Werkzeugverschleiß und eine hohe Preßgeschwindigkeit verbunden.

- 95 -

Das Strangpressen von Eisenwerkstoffen setzte sich erst durch, nachdem durch Einsatz der Glasschmierung der Werkzeugverschleiß vermindert wurde [29].

Aluminium und bekannte technische Aluminiumlegierungen können je nach der Zusammensetzung leicht oder schwer strangpreßbar sein. Aluminium und Al-legierungen zählen zu den wichtigsten Werkstoffen, die meistens in Form von Rohren, Stangen, Drähten und vor allem von Profilen gepresst werden.

Eine Vielzahl von Kupferwerkstoffen wird in irgendeiner Form zu Strang- Zwischen und -Endprodukten verarbeitet. Die Preßbarkeit dieser Kupferwerkstoffe ist durch die Fließspannung und die daran gekoppelte Mindesttemperatur einerseits und die durch Warmrissigkeit begrenzte Höchstpreßtemperatur andererseits gegeben. Die Warmrissigkeit äußert sich je nach Legierungszusammensetzung und Preßbedingungen in Erscheinungsformen von leichten Oberflächenquerrissen bis zum Aufbrechen des Preßstranges [44].

Aufgrund der niedrigen Fließspannung zählen Blei- und Zinnwerkstoffe zu den leicht preßbaren Werkstoffen. Eine besondere Anwendung für die Bleiwerkstoffe ist das Hohl-Querstrangpressen zu Kabelmänteln.

Die bekanntesten Werkstoffe zum Strangpressen sind in Tabelle 7.2 zusammengefaßt.

Werkstoff	Umform-temperatur $[K]$	Bez. mittlere Preßkraft $\left[10^2\,N/mm^2\right]$	Übliche Stranggeschwindigkeit $[m/sec]$	Max. Umformgrad $\varphi_{max} = ln(A_0/A_1)$
Leicht preßbar				
Rein -Al	630-770	3,5-5,0	0,3-2,0	6,9
Rein -Mg	520-570	3,0-4,5	0,03-0,2	5,3
Rein -Sn	390-470	1,0-2,0	0,03-0,2	
Pb, Pb-Legierung	390-450	0,5-1,5	0,15-1,0	
-Messing	770-1020	3,0-4,0	0,5-2,0	6,5
Ohne besondere Schwierigkeiten preßbar				
Rein -Cu	1070-1170	3,0-4,5	0,6-2,0	5,7
α -Messing	970-1070	3,0-4,5	0,6-2,0	5,7
AlMgSi 0,5	670-770	3,0-6,0	0,2-1,5	6,2
AlMgSi 1	670-770	3,0-6,0	0,1-0,4	5,5
AlMn	670-770	3,0-5,0	0,2-1,0	6,0
Schwer preßbar				
AlMg 5 bis 9	650-690	6,0-8,0	0,05-0,1	4,1
AlCuMg 1 und 2	690-730	6,0-8,0	0,01-0,03	3,8
AlZnMgCu 0,5-1,5	680-730	8,0-10,0	0,01-0,02	3,4
CuNi -Legierung	1070-1170	8,0-10,0	1,0-2,5	3,4
Al-Bronze	1070-1170	7,0-9,0	0,1-0,12	4,6
Sn-Bronze	1020-1120	6,0-9,0	0,05-0,07	3,4
ZnAl-Legierung	470-570	6,0-10,0	0,03-0,2	4,1
Sehr schwer preßbar				
Ti, Ti-Legierung	1070-1270	10,0-12,0	0,5-4,0	4,6
P-Bronze	920-1020	8,0-10,0	0,01-0,025	3,2
Zr, Zr-Legierung	1070-1370		0,5-1,0	3,4
Be	1160-1230		1,0-2,3	3,7
C-Stähle	1370-1550	7,0-8,0	3,0-6,0	4,6
Hochlegierte Stähle	1420-1500	9,0-12,0	1,0-2,0	3,4

Tabelle 7.2 : Werkstoffe für das Strangpressen nach [29]

7.4 Wärmehaushalt beim Strangpressen

Ein Strangpreßvorgang ist immer in starkem Maße mit einem Wärmeprozeß gebunden. Sobald ein Block mit bestimmter Temperatur sich im Blockaufnehmer befindet und die Pressung beginnt, setzt ein komplizierter thermischer Vorgang ein, der sich im wesentlichen aus folgenden Teilvorgängen zusammensetzt :

- Erzeugung der Wärme aus der örtlichen Dissipationsarbeit im Block
- Erzeugung der Wärme aus der Reibarbeit zwischen Block und Aufnehmer (nur beim Vorwärts-Strangpressen)
- Wärmeleitung zwischen Block und Aufnehmer
- Wärmeleitung an Kontaktstellen zwischen Block und Matrize

Von allen diesen Faktoren ist die Strangaustrittstemperatur abhängig, die für einen Pressvorgang eine entscheidende Rolle spielt. Die Temperatur des Strangs steigt, wenn die Wärmeerzeugung aus der Dissipations- und Reibarbeit überwiegt und fällt, wenn die Wärmeleitung an das Werkzeug übersteigt. Da es sich bei der Wärmeleitung um einen Wärmestrom (Wärmemenge pro Zeiteinheit) handelt, stellt sich das Temperaturprofil je nach der Preßgeschwindigkeit bzw. Stempelgeschwindigkeit ein. Im Grenzfall verläuft der Strangpreßvorgang adiabatisch, d.h. ohne Wärmeabgabe an die Umgebung. Hierbei verbleibt die gesamte entstehende Wärme im umgeformten Werkstück, dessen Temperatur dieser Wärmemenge entsprechend zunimmt. Zur optimalen Steuerung des Preßvorgangs im Hinblick auf möglichst konstante Strangaustrittstemperatur bei maximalen Preßgeschwindigkeit ist es notwendig, die Gesetzmäßigkeiten des Wärmehaushaltes zu kennen.

Besonders kritisch ist die Temperaturerhöhung der Randschicht auf der Oberfläche wegen der Reibarbeit. Diese nicht vernachlässigbare Wärmemenge hat einen maßgeblichen Einfluß auf die maximal zulässige Blocktemperatur und auf die Stempelgeschwindigkeit. Bei einer hohen Austrittsgeschwindigkeit bzw. kurzen Kontaktzeit ist die Temperaturerhöhung auf eine dünne Randschicht konzentriert, wodurch die Oberfläche gefährdet ist. Die Aufheizung der Randschicht führt besonders an scharfen Kanten von gepreßten Profilen zu einem Wärmestau, wodurch die Gefahr von Kantenrissen erhöht wird.

Für die Berechnung der oben aufgeführten Wärmemengen und des Wärmegleichgewichts wurde in der vorliegenden Arbeit ein Verfahren entwickelt, das auf der Methode der Finiten Elemente basiert. Die Wärmeerzeugung aus der

Formänderungsarbeit wird durch die thermo-mechanische Kopplung (Abbildung der Zustandsvariablen von mechanischen auf thermischen und umgekehrt) berücksichtigt, und die Wärmeleitung an Kontaktstellen wird mit Hilfe des entwickelten Kontaktgeometriemoduls berechnet. Die ausführliche Formulierung für die Temperaturrechnung mit der thermo-mechanischen Kopplung ist in Kapiteln 3,4 und 6 beschrieben.

7.5 Meßtechniken bei Strangpressen

Zur Messung der Versuchsgrößen wie Axialkraft, Stempelweg, Stempelgeschwindigkeit und der Temperatur sind mehrere Möglichkeiten in der Literatur [43,67,68] bekannt.

Die Axialkraft, die an Blockende beim Strangpressen wirkt, ist die Summe aus der Kraft, die erforderlich ist zur Umformung im Matrizenbereich und der Kraft, die erforderlich ist zur Verschiebung des Blocks in Aufnehmer [48]. Bild 7.4 zeigt für das Vorwärts-Strangpressen die Anordnung der mechanischen Kraftmeßdosen.

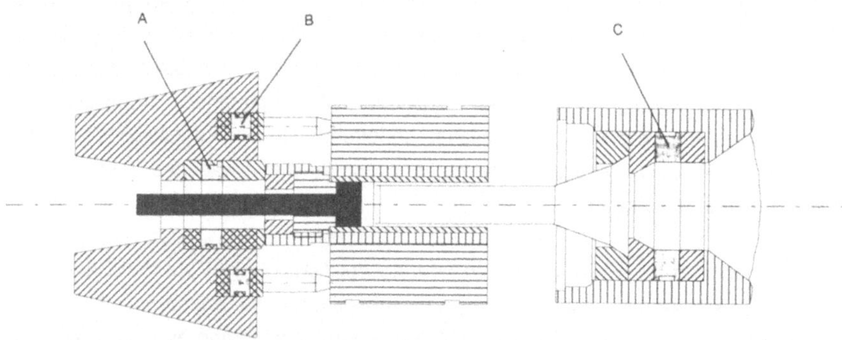

A : Ermittlung der axial auf die Matrize wirkenden Gesamtkraft F_M

B : Ermittlung der axial auf den Aufnehmer wirkenden Gesamtkraft F_A über drei Stelzen

C : Ermttlung der axial auf den Stempel wirkenden Gesamtkraft F_{St}

$$F_{St} = F_M + F_A$$

Bild 6.4 : Anordnung der Kraftmeßdosen nach [43]

Es ist ersichtlich. daß sich der Aufnehmer über drei Stelzen über drei im Gegenhaltern angeordnete Kraftmeßdosen abstützt, wobei die Matrize zylindrisch im Aufnehmer dichtet und ebenfalls über eine mechanische Kraftmeßdose gegen den Gegenhalter abstützt. Bei der Kraftmessung mit der Kraftmeßdose werden die als Widerstandsänderung vorliegenden Meßsignale in analogen Gleichspannungen umgesetzt.

Zur Erfassung des Stempelweges bzw. beim Rückwärts-Strangpressen des Weges des Verschlußstempels, wird in der Regel ein induktiver Weggeber eingesetzt, der am Laufholm angebracht ist. Wenn das Meßsignal des Weggebers mit Hilfe eines X-Y-Meßschreibers, mit X-Achse die Zeit und die Y-Achse die Signalstärke, registriert wird, kann die Stempelgeschwindigkeit dadurch berechnet werden, daß die Funktion für die Meßkurve nach der Zeit abgeleitet wird. In der Praxis kann die Stempelgeschwindigkeit zu einem gegebenen Zeitpunkt näherungsweise direkt aus dem Meßschrieb bestimmt werden. Dazu wird eine Tangente an die Meßkurve in der kleinen zeitlichen Umgebung des gegebenen Zeitpunkts zu bilden, $v_{st} = \Delta s_{st} / \Delta t$.

Ein modernes Meßverfahren integriert ein digitales Wegmeßsystem. Das digitale Meßsystem kann aus einem Abtastkopf, einer Gewindestange und einem Anzeigegerät mit einer Digitalanzeige und einem linearisierten Spannungsausgang bestehen. Der Abtastkopf bewegt sich beim Pressen über die ortsfeste Gewindestange, wobei die Induktivität der Spulen im Abtastkopf durch die Gewindestange periodisch beeinflußt wird. Die dadurch entstehenden Spannungsschwankungen werden in Impulse umgewandelt, deren Anzahl ein Maß für den zurückgelegten Weg ist. Die Stempelgeschwindigkeit kann dann aus dem gemessenen Stempelweg mit Hilfe einer geeigneten Software durch numerische Differentiation berechnet werden. Diese Methode hat den Vorteil, die Stempelgeschwindigkeit sowohl während der Pressung als auch nach der Pressung berechnen zu können, während das beim Verfahren mit X-Y Schreiber nur nach der Beendigung der Pressung möglich ist.

Die Temperaturmessung beim Strangpressen gehört zum standardmäßigen Meßaufbau. Die Temperatur im Aufnehmer und in der Matrize werden meistens mittels eines Thermoelementes (Ni-CrNi) gemessen. Die Aufheizung über der Zeit und die Temperatur des Blocks im Induktionsofen werden mittels eines Stechpyrometers erfaßt. Da der Strang in der Regel mit einer hohen Geschwindigkeit aus der Matrize austritt, ist es besonders problematisch, die Strangaustrittstemperatur zu messen. Daher stellen sich einige Anforderungen an das Meßgerät, das für die Temperaturmessung an austretenden Strang eingesetzt wird [67]. Ein Meßgerät für die Messung der Strangaustrittstemperatur soll in der Lage sein :

- Anzeige der Temperatur mit möglichst geringer Verzögerung
- guter thermischer Kontakt zwischen dem Meßfühler und dem Strang
- möglichst geringe Reibung zwischen dem Meßfühler und dem Strang

Zweite und dritte Anforderungen gelten nur für Berührungsthermoelemente. Die Meßanordnung von Strehmel [69] erfüllt die oben erwähnten Anforderungen annähernd, aber scheidet aus Handhabungsgründen für die Praxis aus [67]. Ein berührungsloses Meßverfahren, z.B. die Infrarotstrahlpyrometrie, hat beim kontinuierlichen Messen viele Vorteile gegenüber Kontaktthermoelementen, jedoch auch Nachteile, die wegen einiger durch das Strangpreßverfahren bedingter Gegebenheiten und besonderer physikalischen Eigenschaften von Aluminiumwerkstoffen gegeben sind. Die Schwierigkeiten bei der Temperaturmessung mit einer Infrarotpyrometrie sind nach Yao [67] :

- Der Höchstwert der Strangoberflächentemperatur tritt im Preßkanal auf. Eine Strahlungsführung von dort zum Objektiv des Strahlungspyrometers ist nicht möglich. Man muß auf eine Meßstelle hinter der Matrize ausweichen. Dadurch entsteht ein systematischer Meßfehler.

- In der großen Palette der durch Strangpressen herstellbaren Produkte weist manches keine genügend große Seitenfläche als Meßfläche auf.

- Aluminium und seine Legierungen mit den "non-gray body"-Eigenschaften weichen sehr stark vom idealen Verhalten des schwarzen Körpers ab.

- Bei Aluminium ist im für das Strangpressen interessierenden Temperaturbereich (*350 - 500 °C*) die emittierte flächenspezifische Leistung gering.

- Die Hintergrundstrahlung, ausgehend von den Preßwerkzeugen in der unmittelbaren Umgebung des Strangaustritts, ist zum Teil erheblich intensiver als die Nutzstrahlung [101].

8 Ergebnisse der Simulationsrechnungen

Zur Überprüfung des entwickelten Programmsystems PLADAT, in dem die in Kapitel 4, 5 sowie Kapitel 6 beschriebenen Theorien implementiert sind, wurden einige Beispiele exemplarisch simuliert und die Brauchbarkeit des Programms bewertet.

Im Abschnitt 8.1 werden Vergleiche zwischen Simulationsrechnungen und analytischen Rechnungen vorgenommen, um die Brauchbarkeit des entwickelten Programms auf vereinfachte Weise zu zeigen. Zur Überprüfung des entwickelten Kontaktgeometriemoduls werden im Abschnitt 8.2 ein axialsymmetrischer Zylinder und ein dreidimensionaler Quader beim Stauchen mit Reibung simuliert. Simulationen von Rohrzugversuchen wurden zur Bestätigung der Formulierung für die radiale Anisotropie, die im Kap.5 beschrieben ist, durchgeführt und mit experimentellen Daten verglichen. Einige praxisnahe Beispiele, z.B. Warmstauchen, Strangpressen, Warmschmieden, werden im Abschnitt 8.3 exemplarisch gerechnet und mit Experimentdaten aus der Literatur teilweise verglichen.

8.1 Vergleich zwischen FE-Simulationen und analytischen Rechnungen

Da die analytische Lösung in der Regel ein stark vereinfachtes Modell erfordert, wurden hierzu ein zweidimensionaler Zylinder- und ein dreidimensionaler Quaderstauchversuch ohne Reibungseinfluß zum Vergleich zwischen numerischen Simulationen und analytischen Lösungen gewählt. Beim reibungsfreien Stauchen handelt es sich um einen homogenen Umformvorgang, der in der Praxis nur näherungsweise erreicht werden kann. Da bei den gewählten Rechenmodellen Reibungen und auch Scherungen fehlen, die für eine homogene Umformung Grundvoraussetzungen sind, können geschlossene Lösungen angewendet werden.

Bei der analytischen Rechnung wird die notwendige Umformkraft für das Zylindermodell gerechnet,

$$F = k_f(\varphi) \cdot A \tag{8.1}$$

mit A Fläche der Stirnseite.

Die Fließspannung k_f ist von mehreren Parametern abhängig, aber hier nur von der Formänderung abhängig angenommen. Nach dem Ludwik-Ansatz läßt sich die Fließspannung darstellen als

$$k_f(\varphi) = C\varphi^n \tag{8.2}$$

mit C und n als vom Werkstoff abhängige Konstante.

Der Umformgrad φ für eine homogene Formänderung wird definiert als

$$\varphi = ln\left(\frac{h_0}{h_1}\right). \tag{8.3}$$

Für das gewählte Rechenmodell ist $\varphi = ln\left(\dfrac{40}{20}\right) = 0,6931.$

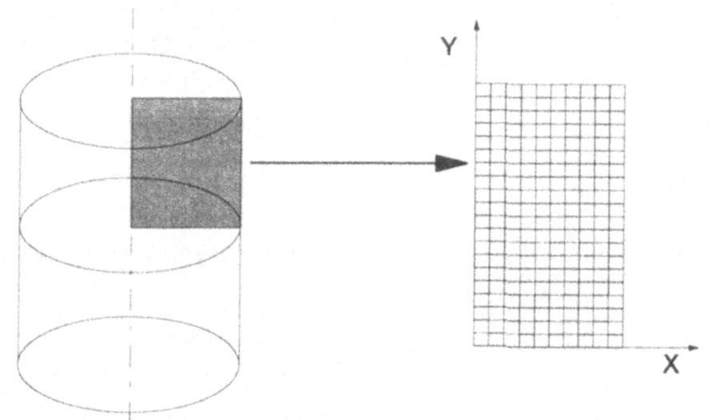

$Ausgangshöhe \quad h_o = 40mm \qquad\qquad Werkstoff : Ck15$

$Endhöhe \qquad\quad h_1 = 20mm \qquad\qquad \Delta h = 20mm$

$Ausgangsdurchmesser \quad d_o = 20mm$

Bild 8.1 : Rechenmodell des gewählten Zylinders

Die Konstanten C und n in Gl.(8.2) sind für den Werkstoff $Ck15$ 704 bzw. $0,24$. Mit den Konstanten und dem Umformgrad $\varphi = 0,696$ läßt sich die Fließspannung berechnen zu

$$k_f = 704 \times (0,6931)^{0,24} = 644,7 \ N/mm^2. \tag{8.4}$$

Aus der Volumenkonstanz wird die Querschnittsfläche berechnet als

$$A_l = \frac{A_0 h_0}{h_l} = 628,0 \ mm^2 \tag{8.5}$$

Somit kann die maximale Umformkraft für die angenommene Umformung des Zylinders abgeschätzt werden,

$$F = 644,7 \times 628,3 = 404.871,0 \ N. \tag{8.6}$$

Mit dem Programm PLADAT wurde das gleiche Problem nachgerechnet. Aus Symmetriegründen wurde nur der schraffierte Bereich im Bild 8.1 in 200 quadratische Elemente mit vier Knoten diskretisiert. Die Rechnung wurde in 100 Lastschritten durchgeführt. Aus der Simulationsrechnung ergaben sich die von Misessche Vergleichsformänderung $\varepsilon_v = 0,6919$, die bei dem Rechenmodell dem Umformgrad φ, und die Vergleichsspannung $\sigma_v = k_f = 643,0 \ N/mm^2$, die der Fließspannung entspricht. Die Querschnittsfläche des gestauchten Zylinders betrug $A_l = 626,8 \ mm^2$ und ist dem analytischen Ergebniss sehr nah. Die Umformkraft aus der Simulationsrechnung ist die Summe aller Knotenkräfte auf der Kontaktfläche mit dem Stempel. Die Umformkraft aus der Rechnung war $401.470,0 \ N$ und mit den analytischen Ergebnissen aus der Gl.(8.6) gut übereinstimmend.

Die geringfügigen Unterschiede zwischen der Simulationsrechnung und der analytischen Rechnung gehen vor allem darauf zurück, daß bei der numerischen Rechnung das gesamte Modell durch kleine Elemente angenähert wurde und die Rechnung aufgrund der Nichtlinearität eines Umformproblems in mehreren Teilschritten aufgeteilt durchgeführt wurde. Die Rechnung wurde auf der Workstation VAX 3100 durchgefürt und die Rechenzeit betrug 43 Minuten.

8.2 Überprüfung des Kontaktsuchmoduls

Im Hinblick auf den Kontakt wird ein Umformvorgang dadurch gekennzeichnet, daß die Kontaktstelle im allgemeinen nicht bekannt ist und sich über dem gesamten Prozeabßlauf ständig ändert, d.h. Kontaktpartner legen sich an oder heben sich ab. Um die veränderlichen Kontaktgeometrien zu untersuchen, werden ein Zylinderstauch- und ein Quaderstauchversuch vorgestellt.

Das Zylinderstauchmodell hier ist dem in Abschnitt 8.1 beschriebenen Modell vergleichbar, jedoch mit einer kleineren Abmessung ($\phi = 15,0mm, \ l = 15,0mm$) und reibungsbehaftet. Der Zylinder wird zwischen zwei parallelen Werkzeugen gestaucht. Da es sich hierbei um das Anlegen der Mantelfläche an den Werkzeugbahnen handelt, wurde eine Coulombsche Reibzahl von *0,1* zwischen dem Werkstück und dem Werkzeug angenommen.

Abmessung des Ausgangszylinders : $\phi = 15,0mm$, $l = 15,0mm$

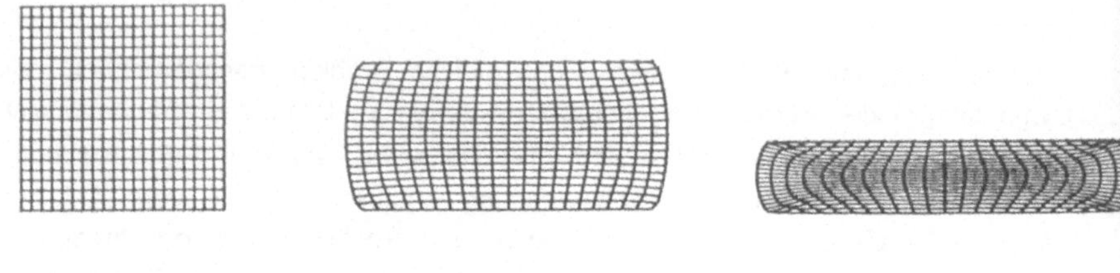

$\Delta h = 0,0mm$ $\Delta h = 5,0mm$ $\Delta h = 10,0mm$

Bild 8.2 : Verzerrte FE-Netze beim Zylinderstauchversuch

Das Bild 8.2 zeigt den Verlauf der verzerrten Netze beim Zylinderstauchversuch mit Reibung. In der Anfangsphase werden die Kontaktbedingungen nur an den Knoten auf der Stirnseite erzwungen, wobei sich die Knoten auf der Mantelfläche ohne Hindernisse frei bewegen können. Erst nach einer großen Formänderung beginnen die Mantelknoten sich an die Werkzeugbahnen anzulegen und sich als Kontaktknoten zu verhalten, d.h. die am Werkzeug angelegten Mantelknoten werden zum Erfüllen der Kontaktbedingung gezwungen. Mit den experimentellen Versuchsergebnissen von Boos [94] im Bild 8.3 stimmen die Simulationsresultate gut überein. Die Grenze zwischen der Stirnseite und dem Mantel ist in Bild 8.2 deutlich erkennbar. Die etwaige Abweichung der Rundheit der Grenzlinie läßt sich auf die nicht exakt parallele Stirnseite der gescherten Zylinderproben zurückführen.

Auch ein Quader wurde simuliert, um den entwickelten Kontaktsuchalgorithmus bei einem allgemeinen dreidimensionalen Umformvorgang zu überprüfen. Das Bild 8.4 zeigt die verzerrten Netze dieser Stauchvorgang-Simulation mit Kontakten.

Die beiden Rechnungen wurden auf dem Workstation VAX 3100 durchgeführt und die Rechenzeiten betrugen 2,1 Stunden für Zylinderstauchversuch und 6,5 Stunden für den Quaderstauchversuch.

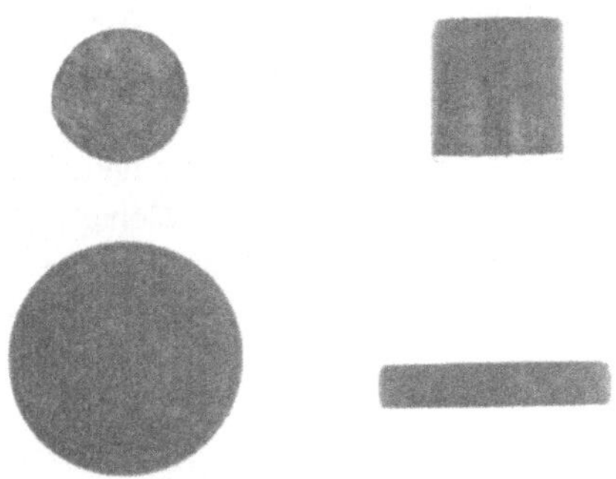

Abmessung des Ausgangszylinders : $\phi = 15,0mm,\ l = 15,0mm$

Höhenabnahme : $\Delta h = 10,0mm$

Bild 8.3 : gestauchte Zylinder nach Boos [94]

Abmessung des Ausgangsquaders : $b = 30,0mm,\ l = 30,0mm\quad h = 30,0mm$

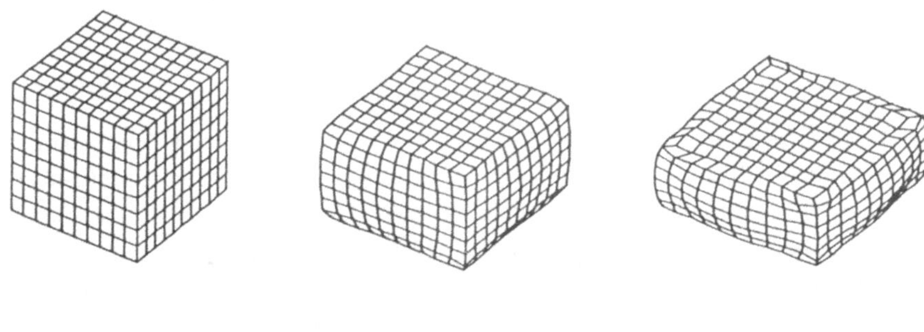

$\Delta h = 0,0mm$ $\Delta h = 10,0mm$ $\Delta h = 20,0mm$

Bild 8.4 : Ein 3-D Quaderstauchversuch

8.3. Simulation von Rohrzugversuchen mit Berücksichtigung der radialen Anisotropie

Die Zugversuche an Rohren zeigen je nach dem Wert der radialen Anisotropie ein unterschiedliches Umformverhalten. Bei einem kleinen radialen Anisotropiewert ($R<1$) ist die Formänderung in der radialen Richtung gegenüber der tangentiallen Richtung größer, so daß der Werkstofffluß hauptsächlich auf Kosten der Dickenabnahme erfolgt, d.h. der Umfang des Rohrs ändert sich wenig und die Wanddicke wird dünner. Bei einem großen Anisotropiewert ($R<1$) ist es umgekehrt, d.h. die Wanddicke ändert sich wenig und der Umfang wird kleiner. Das ist in Bild 8.5 schematisch dargestellt.

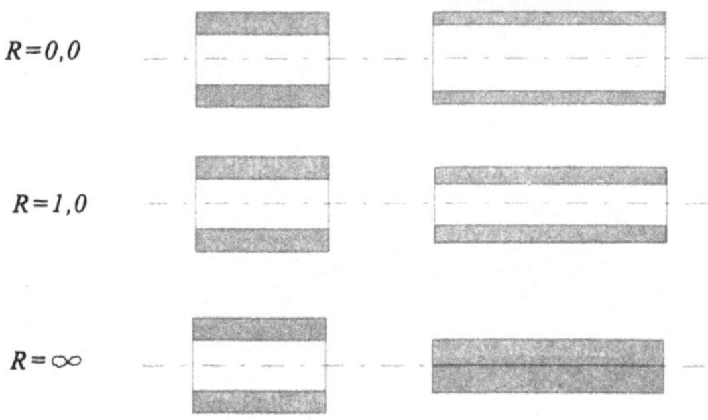

Querschnitte vor und nach dem Rohrziehen (schematisch)

Bild 8.5 : Einfluß der radialen Anisotropie auf das Formänderungsverhalten bei Rohrzugversuchen ohne Einspanneffekt nach [59]

Beim Rohrzugversuch ist eine Einspannung mit einem Innenwerkzeug (Dorn) an den Probenenden erforderlich, um die Probe ziehen zu können. Der Versuchsaufbau ist in Bild 8.6 schematisch dargestellt. Die Einspannung beeinflußt das Umformverhalten des Rohrs in Abhängigkeit von der Ausgangslänge unterschiedlich. Zur Untersuchung des Einspanneffektes in Abhängigkeit von der Rohrlänge wurden Simulationsrechnungen von mehreren Zugversuchen mit unterschiedlichen Rohrlängen durchgeführt.

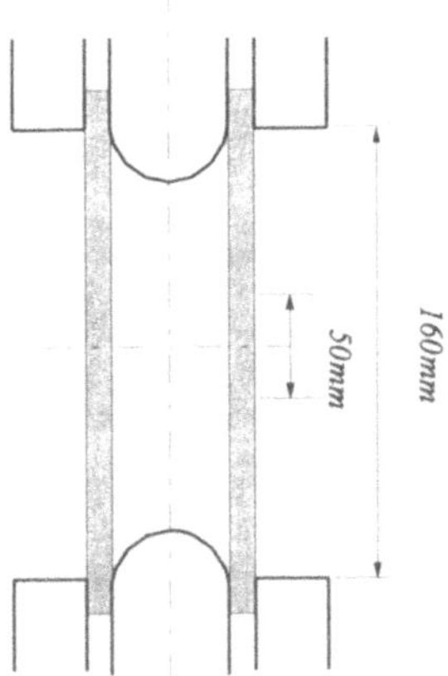

Bild 8.6 : Aufbau eines Rohrzugversuchs

Die Bilder 8.7 und 8.8 zeigen berechnete Verläufe der Außenradien bei unterschiedlichen Längenänderungen, $\Delta l / l_0 = 0,25$ und $\Delta l / l_0 = 0,50$. Der Verlauf bei einer fiktiven Probe ohne Einspannung ($l_0 \approx \infty$) ist zum Vergleich ebenfalls eingetragen. Durch die Einspannung kreuzen sich die Kurven mit und ohne Einspanneffekt früher oder später. Bei kürzeren Rohrproben ist der Verlauf stärker inhomogen als bei längeren. Bei den Proben, deren Ausgangslängen länger als $120mm$ sind, läßt sich ein Bereich feststellen, der von der Ausgangslänge abhängig einen mehr oder weniger homogenen Kurvenverlauf, d.h. quasi konstante Außenradien über die Längsachse, aufweist. An der Stelle $40mm<z<60mm$ in Bild 8.7 ist der Außenradius der Rohrproben für alle Proben fast gleich und annähernd identisch mit dem Außenradius der Probe ohne Einspannung. Dies bedeutet, daß man bei einer derartigen für $l_0 > 120mm$ "invarianten Stelle" den Außenradius unabhängig von der Rohrausgangslänge und ohne Einspanneffekt messen könnte. Diese Stelle bleibt bei größeren Formänderungen auch unverändert erhalten (Bild 8.8). Im Bild 8.8 ist die invariante Stelle entsprechend der Längenänderung zu einem Interval von $50mm<z<70mm$ verschoben. Im Wanddickenverlauf ist das Gleiche zu beobachten. Es ist daher naheliegend, zu sagen, daß die Formänderung bei den eingespannten Rohrproben mit verschiedenen Ausgangslängen an der Stelle $z \approx 50mm$ mit der Formänderung vergleichbar ist, die bei der Rohrprobe ohne Einspannung gemessen wird. Um die Störung aus der Einspannung auszuschließen, ist es dann möglich, die Messung der Längenänderung und der Querkontraktion (Außendurchmesser) in der invarianten Stelle vorzunehmen.

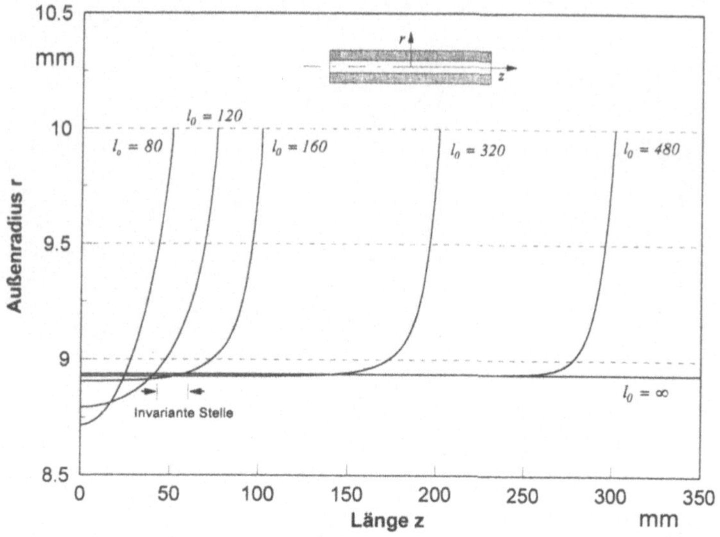

Bild 8.7 : Berechneter Verlauf des Außenradius bei unterschiedlichen Rohrausgangslängen, $\Delta l/l_0 = 0,25$, $r_0 = 10,0mm$.

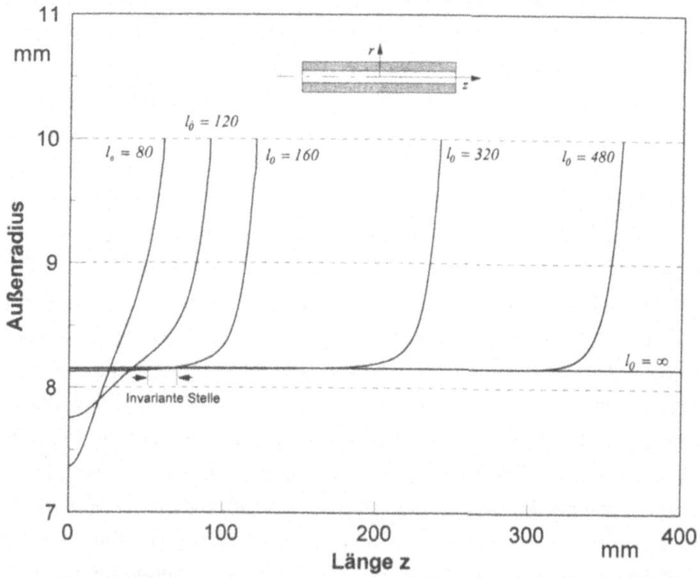

Bild 8.8 : Berechneter Verlauf des Außenradius bei unterschiedlichen Rohrausgangslängen, $\Delta l/l_0 = 0,5$, $r_0 = 10,0mm$.

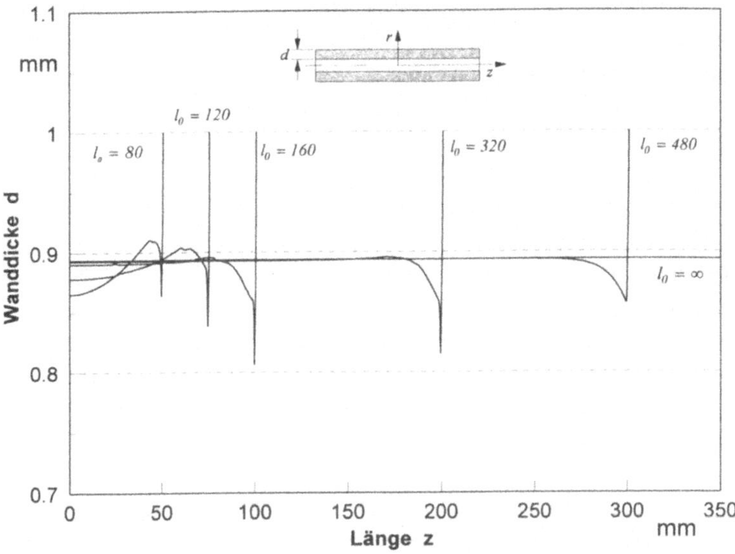

Bild 8.9 : Berechneter Verlauf der Wanddicke bei unterschiedlichen Rohrausgangslängen, $\Delta l/l_0 = 0,25$, $d_0 = 1,0mm$.

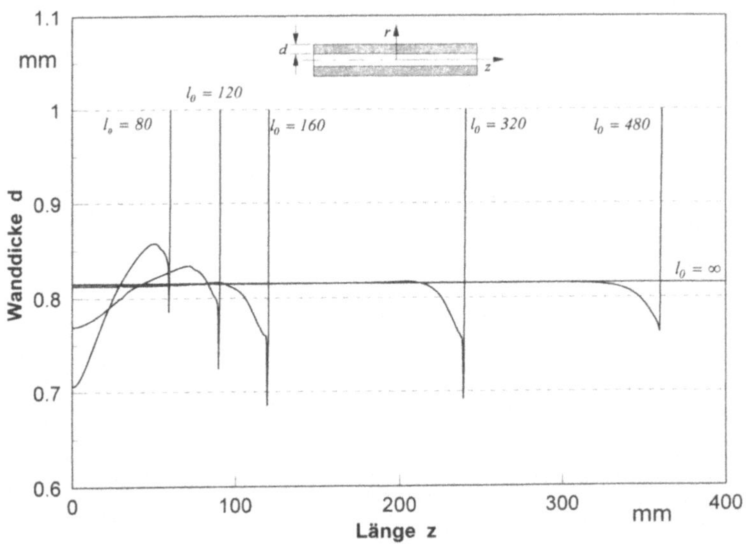

Bild 8.10 : Berechneter Verlauf der Wanddicke bei unterschiedlichen Rohrausgangslängen, $\Delta l/l_0 = 0,5$, $d_0 = 1,0mm$.

In den Bildern 8.11 und 8.12 sind die Simulationsergebnisse mit einem radialen Anisotropiewert $R = 1,2$ für drei unterschiedliche Ausgangslängen dargestellt. Der Außenradius an der invarianten Stelle ist kleiner als der Außenradius bei Isotropie (Bild 8.11 vgl. Bild 8.7), und die Wanddicke größer (Bild 8.12 vgl. Bild 8.9). Dies stimmt tendenziell mit der Darstellung im Bild 8.5 überein.

Die Bilder 8.13 und 8.14 zeigen jeweils den Außenradius und die Wanddicke bei unterschiedlichen Anisotropiewerten, $R = 1,0, R = 1,2, R = 1,4$, mit einer gleichen Ausgangslänge von $l_0 = 160mm$. Aus den Bildern kam das unterschiedliche Umformverhalten bei unterschiedlichen Anisotropiewerten entnommen werden. Zur weiteren Untersuchung mit einem großen Anisotropiewert wurde $R = 3,0$ angenommen: damit wurden für mehrere Rohrlängen Simulationsrechnungen durchgeführt. Aufgrund des hohen Anisotropiewertes wird der Außenradius im Mittenbereich noch verstärkt abnehmen und zum Einspannbereich hin steil zum Ausgangsradius ansteigen (Bild 8.15). Beim Wanddickenverlauf ist erwartungsgemäß die Änderung gegenüber dem kleineren Anisotropiewert gering, d.h. die Wanddicke nimmt im Vergleich zum kleineren Anisotropiewert gering ab (Bild 8.16).

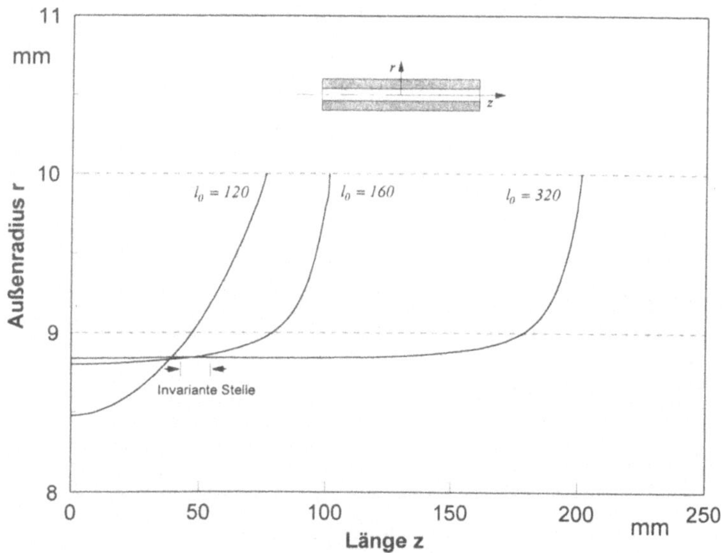

Bild 8.11 : Berechneter Verlauf des Außenradius bei unterschiedlichen Rohrausgangslängen, $\Delta l / l_0 = 0,25$, $R = 1,2$, $r_0 = 10,0mm$.

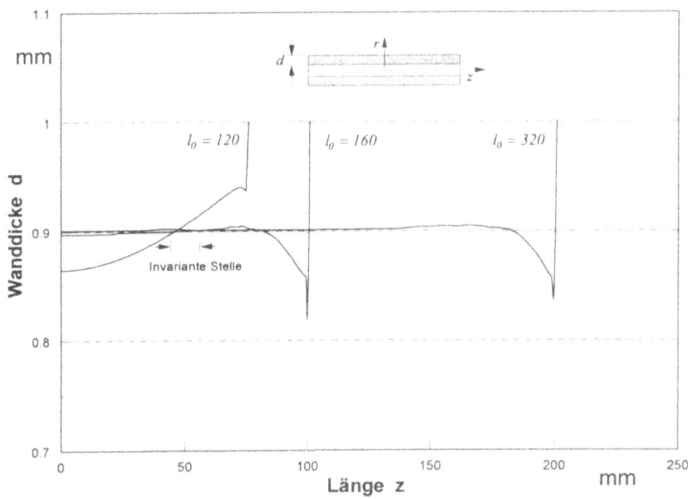

Bild 8.12 : Berechneter Verlauf der Wanddicke bei unterschiedlichen Rohrausgangslängen, $\Delta l / l_0 = 0,25$, $R = 1,2$, $d_0 = 1,0 mm$.

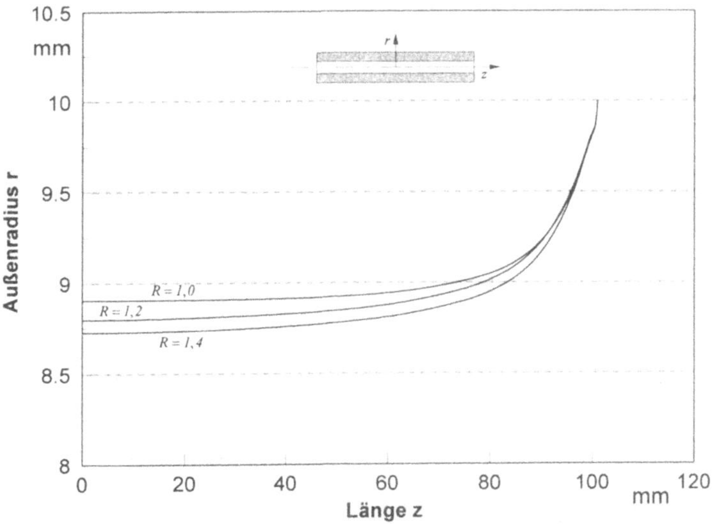

Bild 8.13 : Berechneter Verlauf des Außenradius bei unterschiedlichen radialen Anisotropiewerten, $\Delta l / l_0 = 0,25$, $l_0 = 160 mm$, $r_0 = 10,0 mm$.

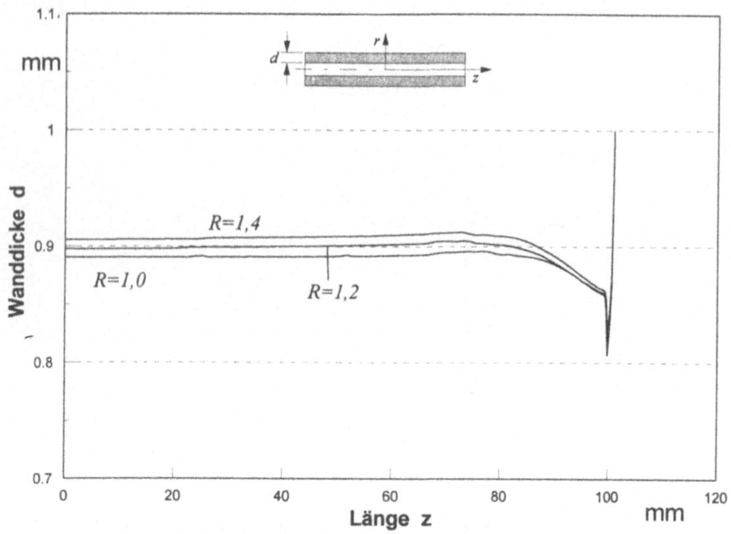

Bild 8.14 : Berechneter Verlauf der Wanddicke bei unterschiedlichen radialen Anisotropiewerten, $\Delta l/l_0 = 0,25$, $l_0 = 160mm$, $d_0 = 1,0mm$

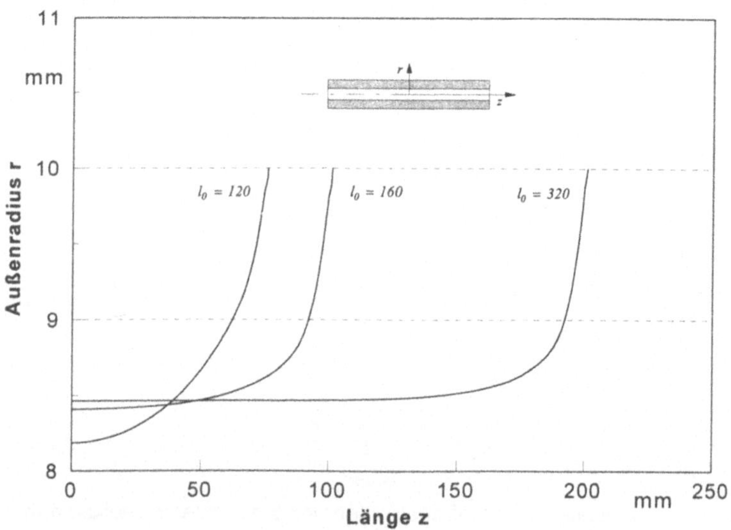

Bild 8.15 : Berechneter Verlauf des Außenradius bei unterschiedlichen Rohrausgangslängen, $\Delta l/l_0 = 0,25$, $R = 3,0$, $r_0 = 10,0mm$,.

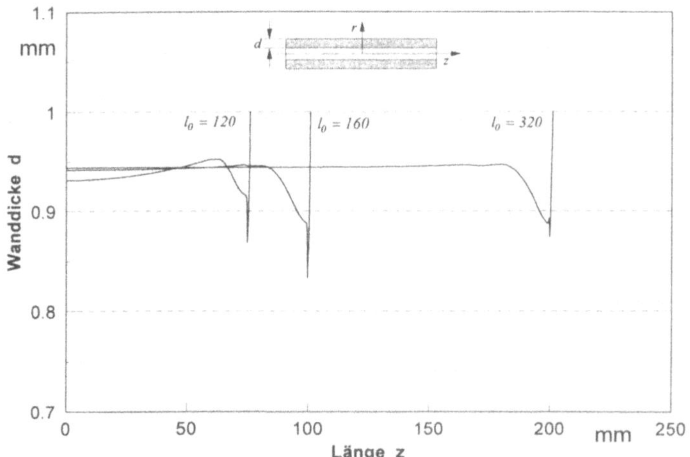

Bild 8.16 : Berechneter Verlauf der Wanddicke bei unterschiedlichen Rohrausgangslängen, $\Delta l/l_0 = 0,25$, $R = 3,0$, $d_0 = 1,0mm$

Zur Überprüfung der kontinuumsmechanischen Beschreibung des anisotropen Formänderungsverhaltens wurden fünf Rohrzugversuche exemplarisch aus Experimenten ausgewählt, die am Institut für Metallformung der TU Bergakademie Freiberg durchgeführt wurden [99]. Auswahlkriterien waren Werkstoff und Ausgangswanddicke der Rohrproben.

Aufgrund der Empfehlung aus den vorangegangenen Simulationsrechnungen (d.h. beim Rohrzugversuch mit Einspannung weist eine Probenlänge länger als *160,0 mm* bei Durchmesser *20,0 mm* und Wanddicke *1,0 mm* einen gleichmäßigen Formänderungsbereich auf; daher soll eine Rohrprobe mindestens *160,0 mm* freie Einspannlänge haben) haben alle Rohrproben eine konstante freie Einspannlänge von *160 mm*. In Tabelle 1 sind die Varianten der Simulationsrechnungen dargestellt.

In den Simulationsrechnungen sind zwei Rechenarten unterschieden: Die eine ist eine rein theoretische Rechnung ohne Bezug auf experimentelle Ergebnisse zum Vergleich eines isotropen Formänderungsverhaltens mit dem radial anisotropen Fall. Hierbei wird ein konstanter Wert von R angenommen. Die andere ist eine Kontrollrechnung mit Bezug auf Ergebnisse aus den Experimenten, d.h. die variable Anisotropie in Abhängigkeit von der örtlichen Formänderung wurde aus der Versuchsergebnissen berechnet und in der Rechnung vorgegeben; denn der

Mechanismus für variable Anisotropie ist noch nicht kontinuumsmechanisch beschrieben und die Abhängigkeit der radialen Anisotropie von üblichen Zustandsvariablen kann in der Simulationsrechnung ohne externe Vorgabe nicht berücksichtigt werden. Der Anisotropiewert wird nur jeweils innerhalb eines Recheninkrements konstant gehalten. Diese Vorgehensweise zur Berücksichtigung variabler Anisotropie in der inkrementellen Rechnung ist vergleichbar mit dem Verfahren der Aktualisierung der Fließspannung in Abhängigkeit von der örtlichen Formänderung.

Proben Bezeichnung	Abmessung [mm] (Durchmesser x Wanddicke)	Werkstoff
Z5	17,8x1,0	Zirkalloy 4
T1	18,0x1,5	Reintitan
M1a	20,0x1,0	Messing CuZn37
M6az	18,0x1,0	Messing CuZn37
M7a	20,0x2,5	Messing CuZn37

Tabelle 8.1 : Ausgewählte Simulationsvarianten aus Experimenten [99].

Bei allen Experimenten zur Bestimmung von R mußte aus meßtechnischen Gründen die Längsdehnung (Längenänderung) an der Meßstelle ($z = \pm 25,0\,mm$) und die Querkontraktion (Außendurchmesser) in der Probenmitte ($z = 0,0\,mm$) gemessen werden. Zur Auswertung der tatsächlichen Anisotropiewerte müßten aber die Meßdaten (Längsdehnung und Querkontraktion) nur an der gleichen Stelle herangezogen werden, weil die radiale Anisotropie aus Längsdehnung und Querkontraktion an einem materiellen Punkt bestimmt wird. Wenn die Daten aus den zwei unterschiedlichen Meßstellen zur Auswertung der radialen Anisotropie mit der Formel in [59]

$$R = -\frac{l}{1 + \dfrac{ln(l/l_0)}{ln(r_a/r_a^0)}} \tag{8.7}$$

mit l : aktuelle Probenlänge an der Meßstelle,

    l_0 : Ausgangsprobenlänge an der Meßstelle,

    r_a : aktuelle Außenradius an der Meßstelle,

    r_a^0 : Ausgangsaußenradius an der Meßstelle,

verwendet werden, ergeben sich Anisotropiewerte, die von den tatsächlichen bweichen. Das Bild 8.17 zeigt qualitativ diese Abweichung.

Da eine quantitative Aussage über den tatsächlichen Verlauf der variablen Anisotropie noch fehlt, wurden die provisorisch ausgewerteten Ergebnisse der Experimente ohne Änderung in die Simulationsrechnung eingegeben. Zum Vergleich der Rechnung mit Experimenten wurde der elastische Anteil, d.h. *0,2%* der Gesamtdehnung in der Versuchsauswertung, vernachlässigt, weil bei dem starr-plastischen Stoffgesetz im Programm PLADAT die gesamte Formänderung gleich dem plastischen Anteil angenommen wird.

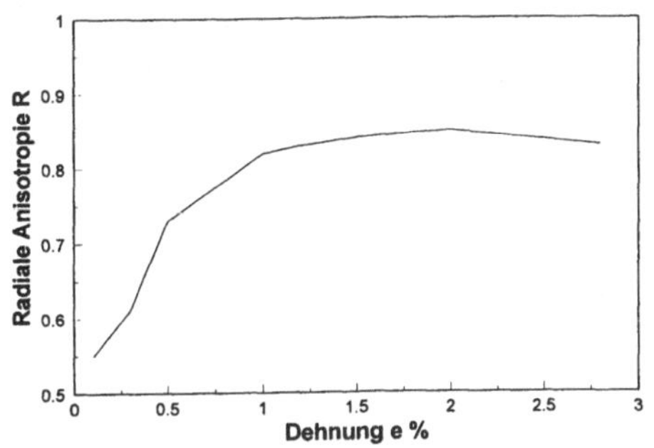

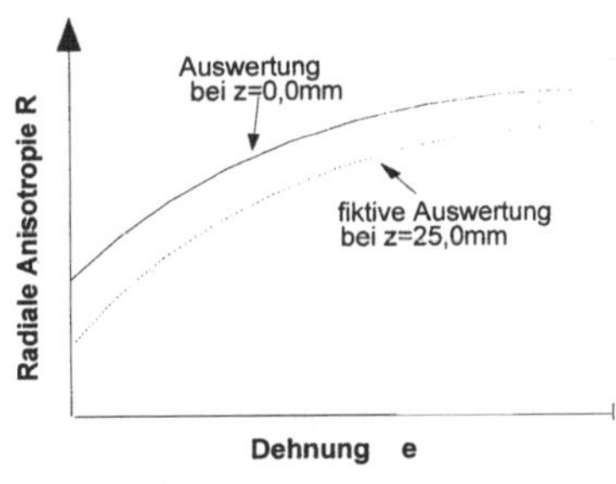

Bild 8.17a : Radiale Anisotropie der Probe M1a, gemessen [99]

Bild 8.17b :Qualitative Verläufe der radialen Anisotropie

Insgesamt zeigen die Simulationsrechnungen eine gute Übereinstimmung mit den experimentellen Ergebnissen. Bei den Versuchen M1a (Bild 8.18), M6az (Bild 8.19) und Z5 (Bild.8.22) liegen die Rechenergebnisse den Versuchsergebnissen sehr nah und verbessern sich noch, wenn der Fehler in der o.g. Auswertung (vgl. Bild 8.17) mitberücksichtigt wird. Bei dem Versuch T1 (Bild 8.21) stimmt das Rechenergebnis nicht so gut mit den Experimenten überein wie bei M1a, M6az und Z5. Eine ähnliche Tendenz läßt sich auch bei dem Versuch M7a (Bild 8.20) feststellen. Der Grund dafür ist darin zu suchen, daß dei der Definition der radialen Anisotropie die Radialspannung $\sigma_r = 0$, angenommen wurde (s. Kap.5). Diese Annahme wird mit einer steigenden Wanddicke der Rohrprobe stärker verletzt; dann ist die Abweichung der Simulationsergebnisse aus Experimenten größer.

Alle Berechnungen wurden auf dem IBM RISC 6000 durchgeführt. Die Rechenzeit betrug je nach der Probenlänge und der Probendicke eine bis vier Stunden.

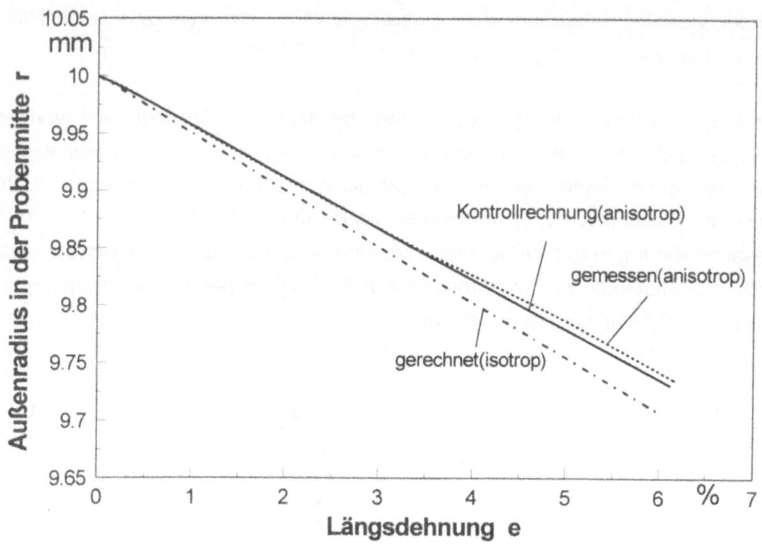

Bild 8.18 : Außenradius in der Probenmitte, Probe M1A, Messing CuZn37

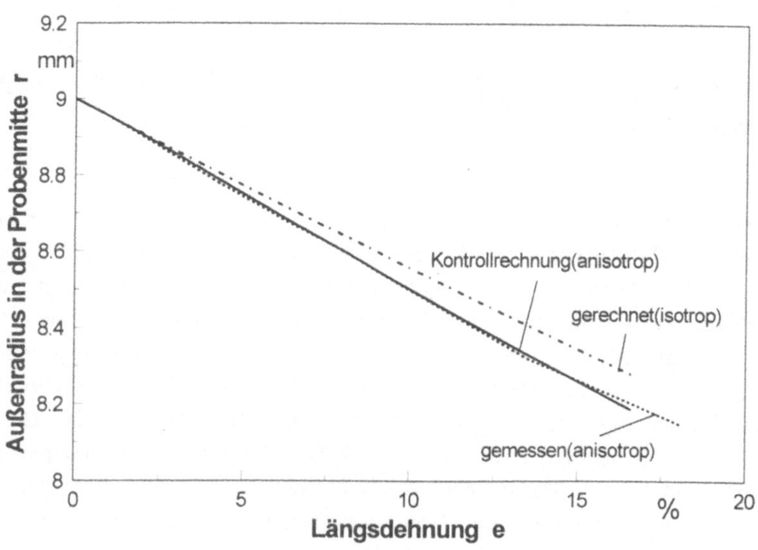

Bild 8.19 : Außenradius in der Probenmitte, Probe M6AZ, Messing CuZn37

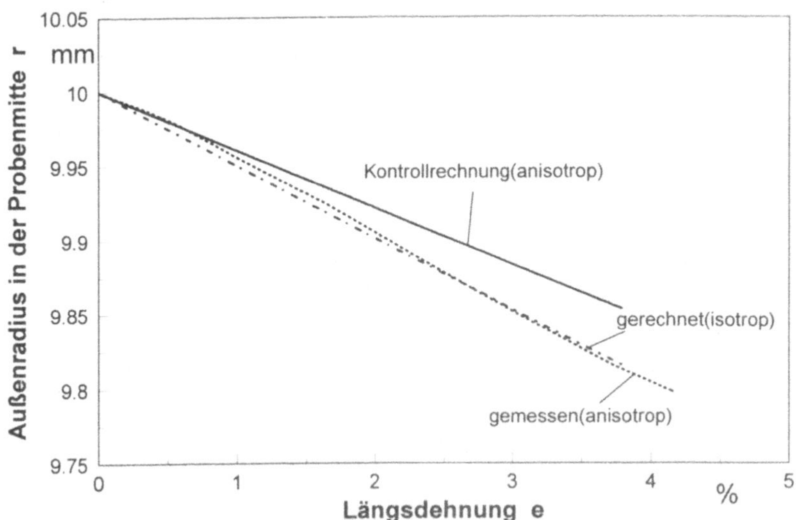

Bild 8.20 : Außenradius in der Probenmitte, Probe M7A, Messing CuZn37

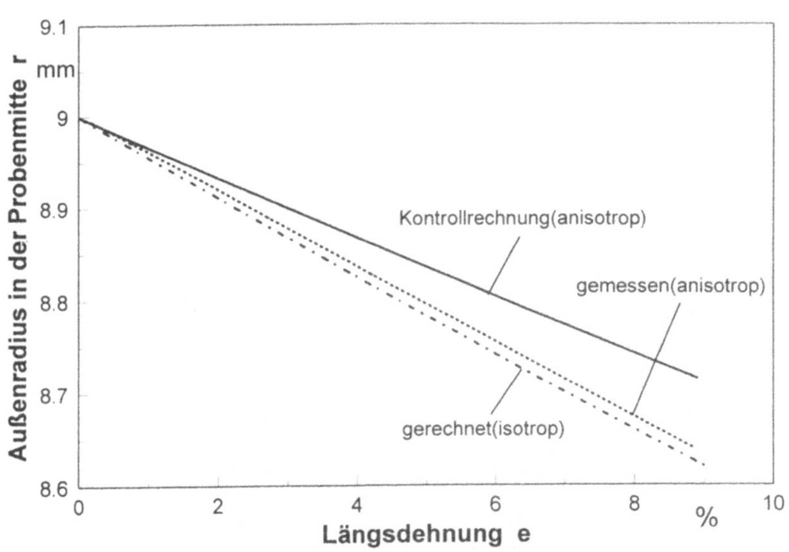

Bild 8.21 :Außenradius in der Probenmitte, Probe T1, Reintitan

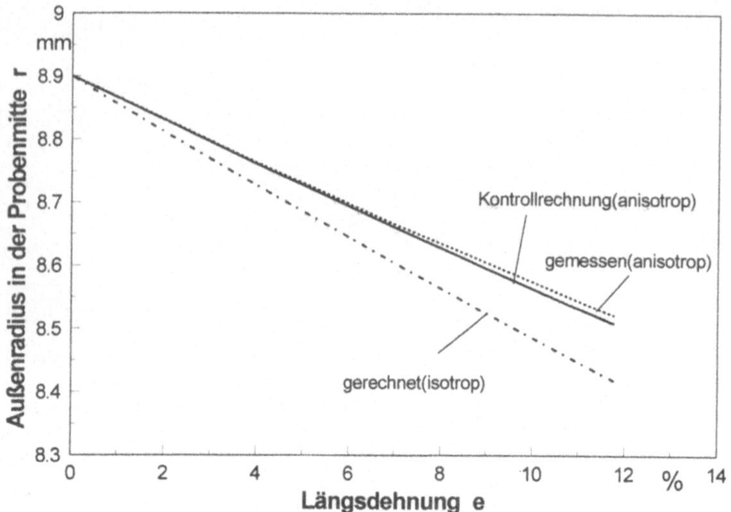

Bild 8.22 : Außenradius in der Probenmitte, Probe Z5, Zirkalloy 4

8.4   Simulation thermo-mechanischer Stauchvorgänge

In diesem Abschnitt soll der Einfluß der Temperatur auf das Umformverhalten anhand des Warmstauchens von Zylindern gezeigt werden. Das Rechenmodell entspricht dem Modell beim Zylinderstauchversuch im Abschnitt 8.1, jedoch bei höheren Temperaturen und mit unterschiedlichen Stauchgeschwindigkeiten. Zur Berücksichtigung der Wärmeleitung an Kontaktstellen bei den Simulationsrechnungen wurde angenommen, daß die Temperatur des Werkzeugs während der Simulation konstant bleibt. Am Ausgangszeitpunkt waren die Werstücktemperatur $800\,^{\circ}C$ und die Werkzeugtemperatur $200\,^{\circ}C$. Obwohl der Reibungseinfluß bei einer Warmumformung nicht vernachlässigbar ist, wurde er zum Zweck der Untersuchung der Temperatureffekte nicht berücksichtigt. Da eine Temperaturfeldanalyse einem Anfangswertproblem entspricht, d.h. die Zeit ist als eine echte Variable in der Formulierung vorhanden, ist die Temperaturrechnung offensichtlich von der Prozeßdauer abhänig. Es wurden daher drei unterschiedliche Stauchgeschwindigkeiten als Simulationsvariante herangezogen.

Zur Beschreibung der Fließspannung in Abhängigkeit von der Formänderung, der Formänderungsgeschwindigkeit und der Temperatur wurde die analytische Formel von Hensel und Spittel [7] angewendet. Nach Untersuchungen dieser Autoren kann diese mathematische Formel zur Approximation der Fließspannung k_f in Abhängigkeit von den genannten Warmformgebungsbedingungen für eine Vielzahl von Werkstoffen gut eingesetzt werden.

Die ausgewählte mathematische Approximationsformel nach [7] lautet

$$k_f = k_{f_0} K_\theta K_\varphi K_{\dot\varphi}$$
(8.8)

oder mit $K_\theta = A_1 e^{-m_1\theta}, K_\varphi = A_2\varphi^{m_2}, K_{\dot\varphi} = A_3\dot\varphi^{m_3}$

$$k_f = k_{f_0} A_1 e^{-m_1\theta} A_2\varphi^{m_2} A_3\dot\varphi^{m_3}$$
(8.9)

Der Werkstoff für das Simulationsmodell ist ein unlegierter C-Stahl und die Konstanten in Gl.(8.9) sind nach [7]

$$k_{f_0} = 100 \; N/mm^2$$

$$m_1 = 0,0025 \qquad m_2 = 0,174 \qquad m_3 = 0,139$$

$$A_1 = 12,231 \qquad A_2 = 1,494 \qquad A_3 = 0,726$$

Die Simulationsdaten sind in Tabelle 8.2 zusammengefaßt.

	Werkstück	Werkzeug
Werkstoff	$Ck\,15$	$X38CrMoV\,5.1$
Wärmeleitzahl $\lambda \; [N/sK]$	$60,0$	27.14
spez.Wärmekapazität $c_p \; [Nmm/kgK]$	$0,5 \cdot 10^6$	$0,7227 \cdot 10^6$
Ausgangstemperatur $T_0 \; [°C]$	$800,0$	$200,0$
Dichte $\rho \; [kg/mm^3]$	$7,5 \cdot 10^{-6}$	$7,7578 \cdot 10^{-6}$
FE-Diskretisierung	193 Q4MT Elemente	keine
Wärmeübergangszahl $\alpha \; [N/mms\,K]$	$4,0$	
Coulombsche Reibzahl	$0,001$	

Tabelle 8.2 : Simulationsdaten für den Warmstauchversuch

Die Reibungsfreiheit zusammen mit einer isothermen Temperaturverteilung, die bei kleinen Formänderungen bei Raumtemperatur annähernd zu erreichen ist, bewirkt eine homogene Formänderung in allen Werkstückbereichen und sollte demzufolge eine regelmäßige Netzverzerrung bewirken. Bild 8.23 zeigt hierzu die Verformung der Netze bei drei unterschiedlichen Stauchgeschwindigkeiten ohne Reibung. Für alle drei Fälle weist der Konturverlauf in Längsrichtung ein charakteristisches Verhalten auf, das sich von dem Konturverlauf bei einer Umformung mit Reibung unterscheidet. Beim Warmstauchen ohne Reibung ergibt sich aufgrund der Abkühlung an der Stauchbahn eine höhere Fließspannung k_f im Kontaktbereich, die eine geringe Formänderung zur Folge hat; in großem Abstand davon ist die Temperatur höher, die Fließspannung kleiner und damit die Formänderung größer. Beim Stauchen mit Reibung wird die Formänderung an der Kontaktstelle behindert, und es ergibt sich die im Bild 8.2 dargestellte Endgeometrie.

In der Anfangsphase mit der Stauchhöhe $\Delta h = 10mm$ sind die verformten Netze für alle drei Fälle voneinander kaum zu unterscheiden (Bild 8.23), da die Formänderungen noch klein und die Kontaktzeit zur Wärmeleitung noch kurz sind. In den Verläufen der Vergleichsformänderung, der Fließspannung und der Temperatur sind die Unterschiede jedoch erkennbar (Bilder 8.24, 8.25, 8.26). Die Temperaturverteilung beim Versuch mit der Stauchgeschwindigkeit $v_w = 0,1mm/s$ ist inhomogener als die bei den anderen zwei Versuchen mit höheren Stauchgeschwindigkeiten von $v_w = 1,0mm/s$ und $v_w = 10,0mm/s$, weil die Zeit für die Wärmeleitung vom Werkstück zum Werkzeug länger ist. Der Wärmeverlust am Rand (hier abgesehen von Strahlung und Konvektion), der dem Wärmefluß an der Kontaktstelle identisch ist, ist maßgeblich für die unterschiedlich inhomogenen Temperaturverteilung. Bei einer hohen Temperaturdifferenz zwischen den am Kontakt beteiligten Partnern beim Versuchsbeginn ($\Delta T = 600°C$), überwiegt nach der Rechenregel Gl.4.58 der Wärmeverlust im Kontaktbereich. In der kurzen Zeit wird der Temperaturunterschied durch den Wärmetransfer innerhalb des Werkstücks nur langsam kompensiert. Die Differenz zwischen maximaler und minimaler Temperatur bei einzelnen Rechenbeispielen, die als Maß für die Inhomogenität in der Temperaturverteilung verwendet werden kann, ist $ca. 340 °C$ bei $v_w = 0,1mm/s$, $ca. 260 °C$ bei $v_w = 1,0mm/s$ und $ca. 90 °C$ bei $v_w = 10,0mm/s$. Die inhomogene Temperaturverteilung im Werkstück bewirkt zusammen mit der Formänderung und der Formänderungsgeschwindigkeit auch eine inhomogene Verteilung von Fließspannungen, die wiederum den Umformvorgang beeinflußt. In den vorliegenden Rechenbeispielen sind nur die Temperaturverteilung im Werkstück für die unterschiedliche Fließspannungsverteilung verantwortlich, da die Reibungsfreiheit beim Kontakt angenommen wurde.

Beim weiteren Stauchen konzentriert sich die Formänderung bevorzugt im Bereich hoher Temperaturen, also niedriger Fließspannungen. Aufgrund der herrschenden Warmumformbedingungen $(\varphi, \dot{\varphi}, T)$ ergeben sich sodann die aktuellen Fließspannungswerte nach Gl.(8.8). Nahezu die gesamte plastische Arbeit aus der mechanischen Deformation wird in Wärme umgewandelt und damit die Temperatur an materiellen Punkten bzw. an Bestimmunspunkten der mechanischen Arbeit bei der Rechnung (Integrationspunkte eines FE-Elementes) erhöht. Beim Stauchen mit $v_w = 10,0\,mm/s$ kann der Wärmetransport durch Leitung im Werkstück wegen der kurzen Prozeßzeit nur ungenügend erfolgen, so daß eine höhere Temperaturverteilung im mittleren Gebiet vorliegt, die aufgrund der Dissipationsarbeit höher als der Ausgangswert ist. Im Kontakt- und kontaktnahen Bereich ist dagegen eine niedrigere Temperaturverteilung zu erkennen, die durch die dominierenden Wärmeverluste noch bei hoher Temperaturdifferenz zustande kam. Bei Stauchen mit $v_w = 1,0\,mm/s$ und $v_w = 0,1\,mm/s$ war die Zeit offensichtlich lang genug, damit eine relativ große Wärmemenge vom Werkstückinnern zum Werkstückrand und weiter in das kalte Werkzeug transportiert wird.

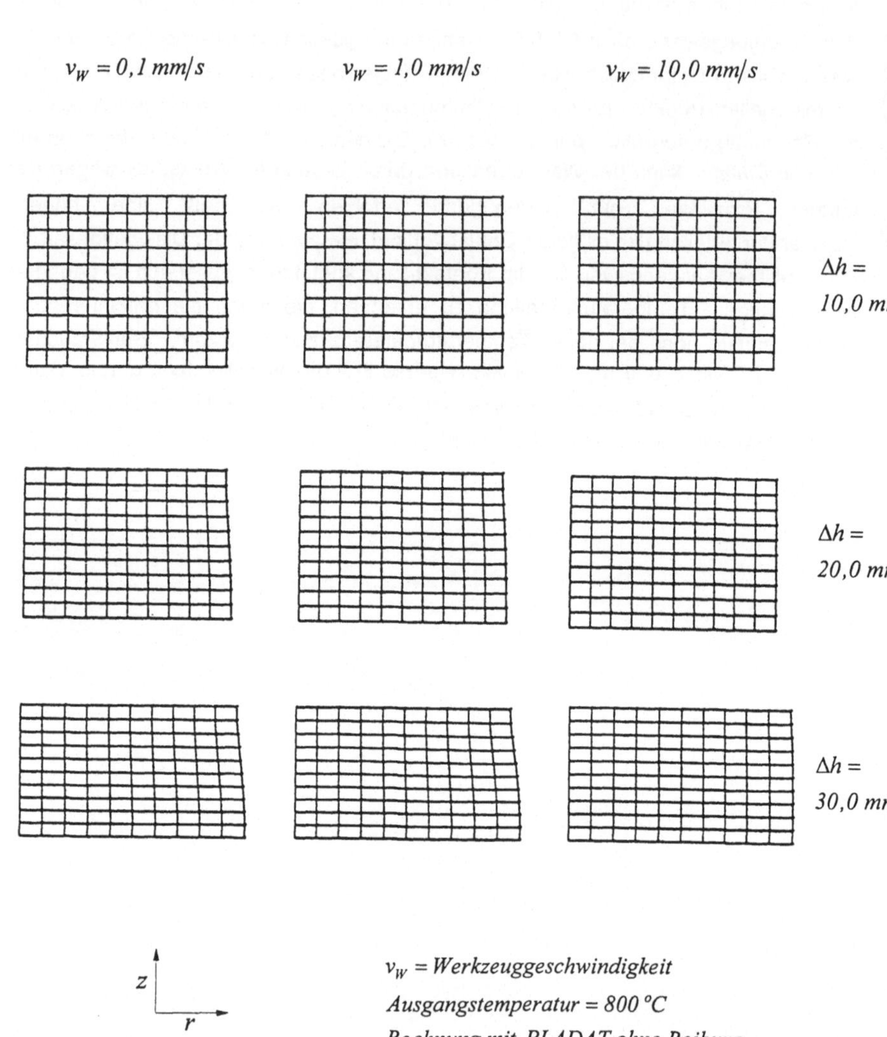

Bild 8.23 : Verzerrte FE-Netze beim Warmstauchversuch

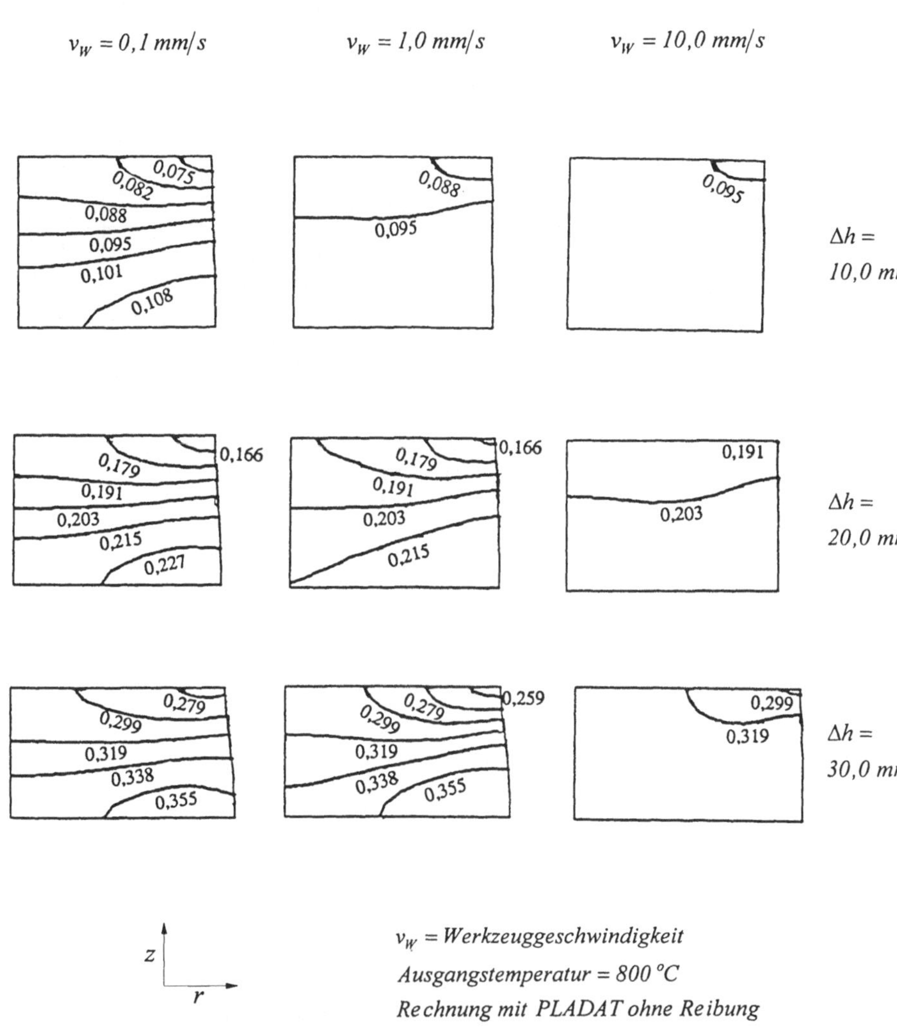

Bild 8.24 : Berechnete Vergleichsformänderungen beim Warmstauchversuch

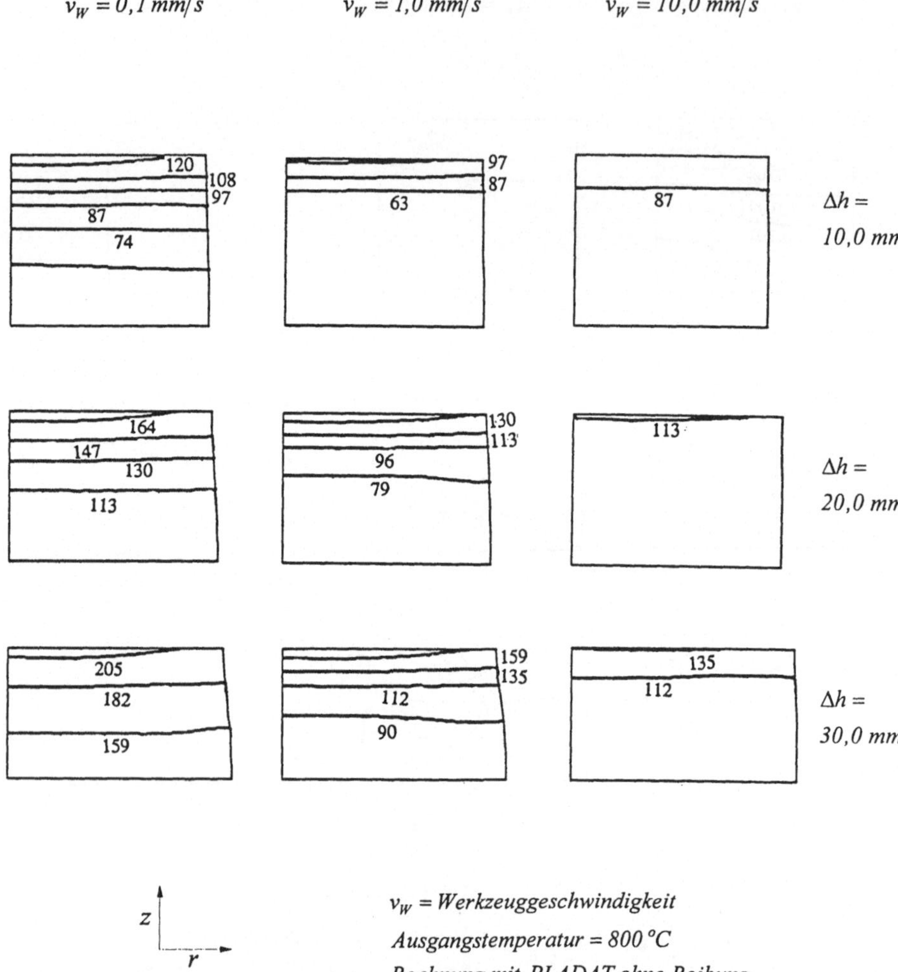

Bild 8.25 : Berechnete Fließspannungen beim Warmstauchversuch $[N/mm^2]$

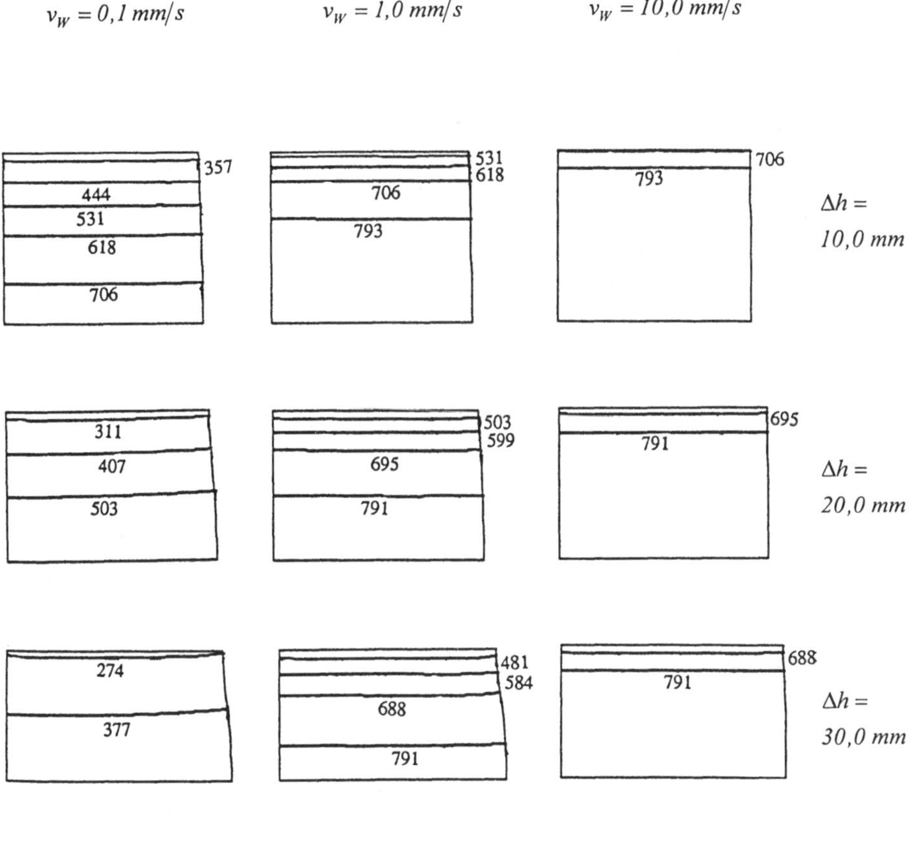

Bild 8.26 : Berechnete Temperaturen beim Warmstauchversuch [^{o}C]

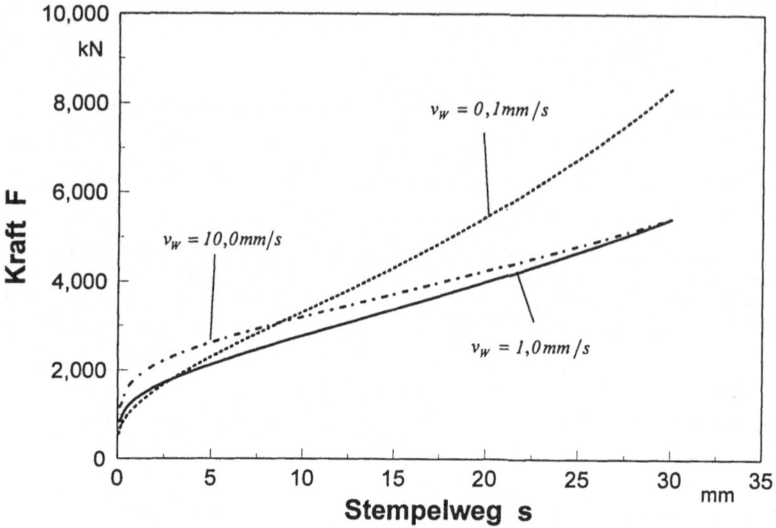

Bild 8.27 : Kraftverlauf bei Warmstauchversuchen mit unterschiedlichen Stauchgeschwindigkeiten. $v_W = Werkzeuggeschwindigkeit$

Bild 8.27 zeigt die berechneten Kraftverläufe von den Rechenmodellen. Die unterschiedlichen Kraftbedürfnisse sind auf die Warmumformbedingungen, Temperatur, Formänderung und Formänderungsgeschwindigkeit, zurückzuführen. Am Anfang des Prozesses ist der Kraftbedarf bei der Stauchgeschwindigkeit von $v_w = 10,0 mm/s$ am höchsten und bei der Stauchgeschwindigkeit $v_w = 0,1 mm/s$ am niedrigsten. Das läßt sich dadurch erklären, daß die Abhängigkeit der Fließspannung von der Formänderungsgeschwindigkeit bei gleichen Formänderungen und mit kleinen Temperaturunterschieden die Fließspannung maßgeblich beeinflußt. Obwohl der Kraftbedarf bei der Stauchgeschwindigkeit von $v_w = 0,1 mm/s$ in der Anfangsphase niedrig war, steigt er steil an, und bei dem Stempelweg von $ca. 3 mm$ kreuzt er den Kraftbedarf der Stempelgeschwindigkeit von $v_w = 1,0 mm/s$. Ab dem Stempelweg $ca. 8,5 mm$ steigt er über den Kraftbedarf bei der Stauchgeschwindigkeit von $v_w = 10,0 mm/s$. Der Grund hierzu ist darin zu suchen, daß die Fließspannungsverteilung bei niedrigeren Stauchgeschwindigkeiten aufgrund der langen Kontaktzeit mit kalten Werkzeugen viel höher liegt als die der höheren Stauchgeschwindigkeiten (Bild 8.26), also der Temperatureffekt bei diesen Temperaturunterschieden stärker ist als der Geschwindigkeitseffekt. Die steigende Tendenz bei der langsamen Stauchgeschwindigkeit wird mit niedriger werdender Temperatur noch stärker. Der Kraftverlauf der Stauchgeschwindigkeit von $v_w = 1,0 mm/s$ bleibt bis zu einem Stempelweg von $ca. 30,0 mm$, abgesehen von der Anfangsphase, am niedrigsten, da bei diesem Versuch im Vergleich zu anderen Versuchen weder die Formänderungsgeschwindigkeit hoch genug noch die Temperatur niedrig genug ist. Aus dem Bild 8.27 ist ersichtlich, daß sich die zwei Kraftverläufe von den Stempelgeschwindigkeiten $v_w = 1,0\,mm/s$ und $v_w = 10,0\,mm/s$ nach dem Stempelweg von $ca.\,30,0\,mm$ kreuzen werden, weil der Temperatureffekt bei der Aktualisierung der Fließspannung größer als der Beitrag der Geschwindigkeit ist.

Die Rechenzeiten betrugen auf dem VAX 3100 ca. drei bis fünf Stunden.

8.5 Simulation des Strangpressens

Zur Simulation von Strangpressverfahren wurden zwei Voll-Vorwärts Strangpreßprozesse mit unterschiedlichen Matrizenwinkeln exemplarisch modelliert. Bild 8.28 zeigt die Ausgangsmodelle für die zwei Beispiele.

Simulationsdaten sind in Tabelle 8.3 zusammengefaßt.

	Werkstück
Werkstoff	$Al99,5$
Zylinderabmessung $\phi \times l\,[mm]$	20×20
Durchmesser des Strangs $d\,[mm]$	10
Stempelgeschwindigkeit $v_{St}\,\left[mm/s\right]$	$2,5$
FE-Diskretisierung	189 Q4 Elemente
Coulombsche Reibzahl	0,05

Tabelle 8.3 : Simulationsdaten für das Strangpressen

Die Aktualisierung der Fließspannung bei der Berechnung wird durch die Approximation nach dem Ludwik-Ansatz in Gl.(8.2) vorgenommen. Die Konstante sind $C = 150\,N/mm^2$, $n = 0,2$.

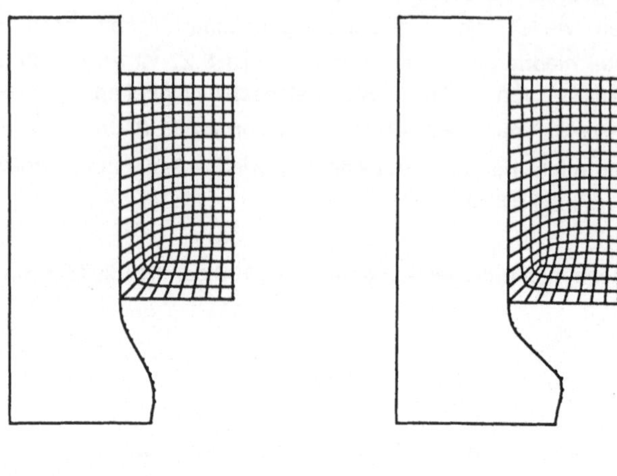

$$2\alpha = 60^{\circ} \qquad\qquad 2\alpha = 90^{\circ}$$

Bild 8.28 : Ausgangsmodelle der Strangpreßbeispiele

In Bild 8.30 sind die verzerrten FE-Netze für zwei unterschiedliche Matrizenwinkeln bei verschiedenen Stempelstellungen gezeigt. Entlang der Werkzeugkontur werden die wechselnden Kontakte durch den entwickelte Kontaktgeometriemodul korrekt ermittelt und zür Erfüllung der Kontaktbedingung (Nichtdurchdringung) aktiviert. An den Werkzeugrundungen sind, bedingt durch die Netzfeinheit, die Interferenzen zu beobachten (Bild 8.29), die durch die Änderung des Netzes beliebig beeinflußt werden können.

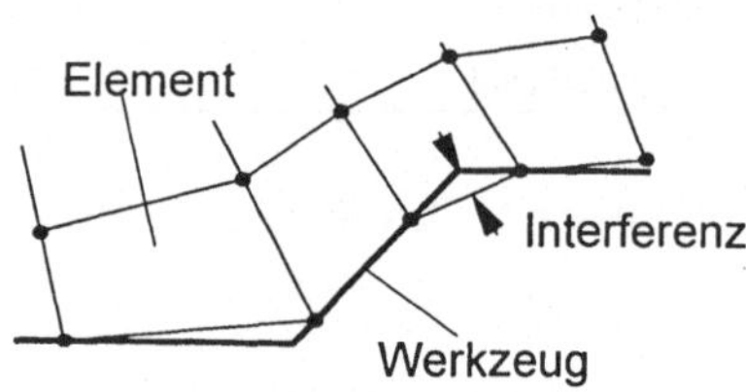

Bild 8.29 : Definition von Interferenz

In der Anfangsphase werden die Formänderungen nur auf den Zylinderumfang konzentriert, und das Voreilen im Umfangsbereich des Materials zustande kommt. Im weiteren Verlauf des Prozesses wird die Formänderung aufgrund der Matrizenwinkel zunehmend im mittleren Bereich größer und dadurch eilt der Werkstofffluß in der Mitte vor.

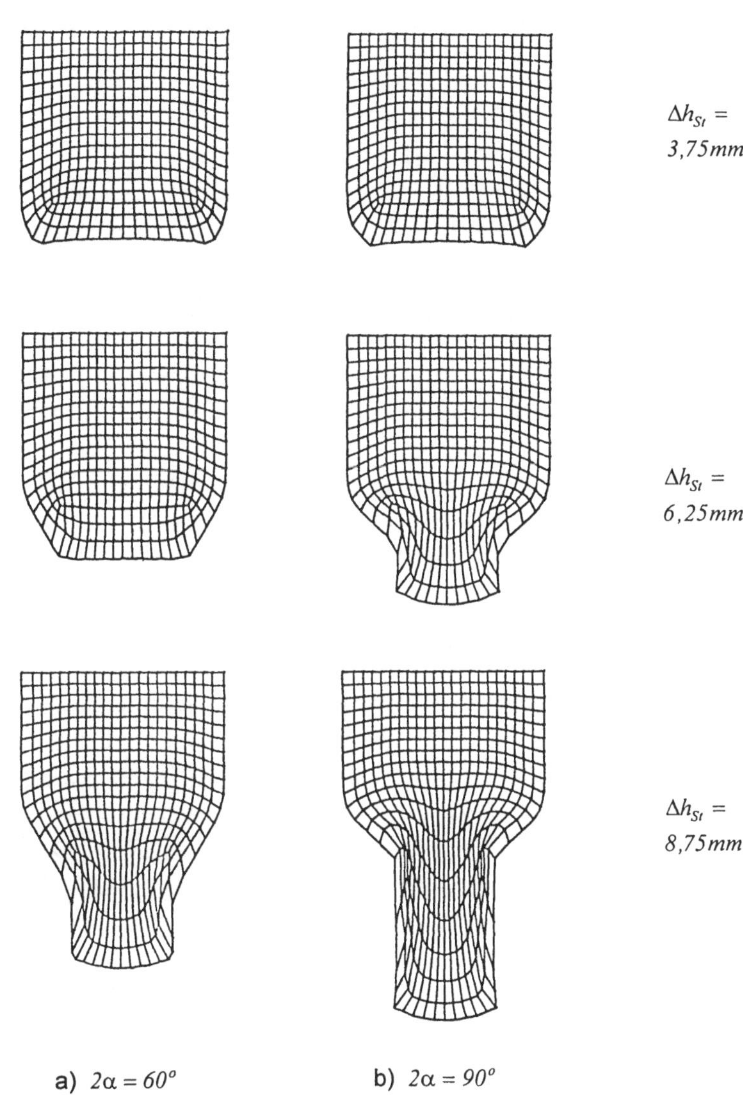

Δh_{st} = Stempelweg.

Bild 8.30 : Verzerrte FE-Netze bei Strangpressen mit unterschiedlichen Matrizenwinkeln.

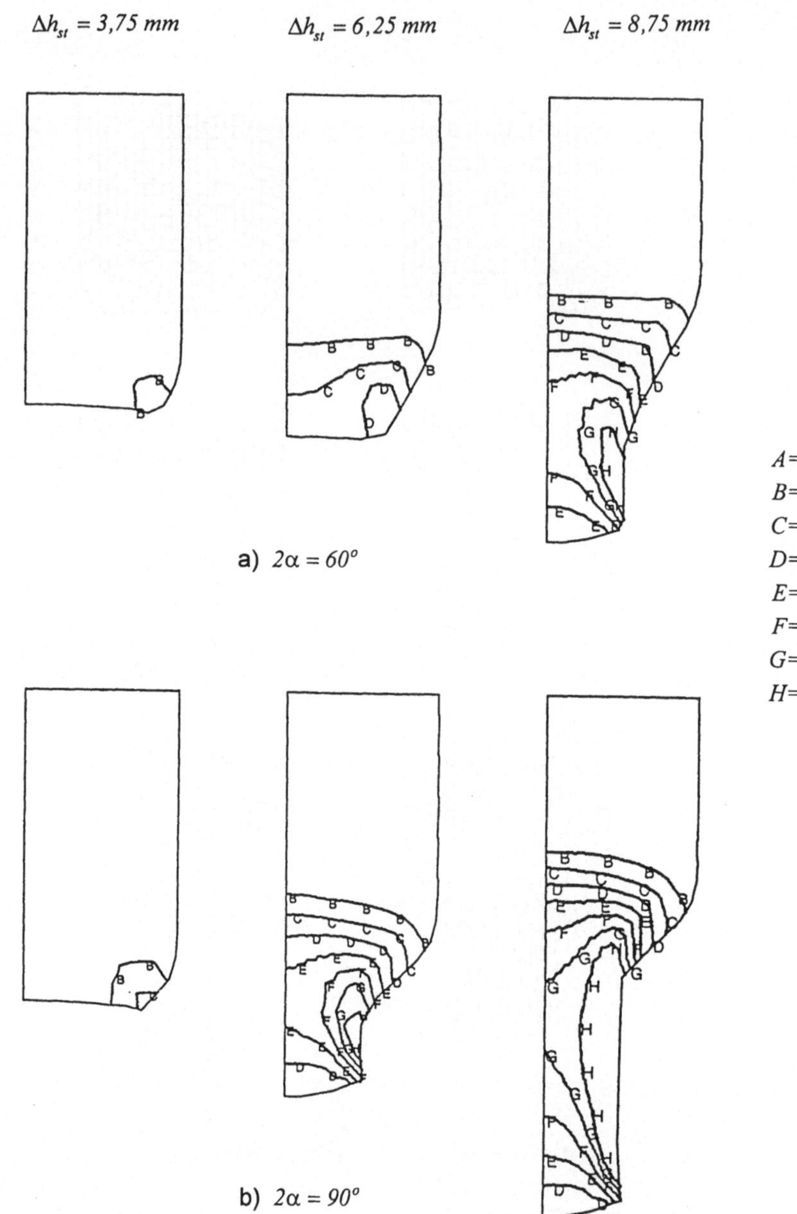

Δh_{st} = Stempelweg.

Bild 8.31 : Berechnete Verteilung der Vergleichsformänderung, A bis H.

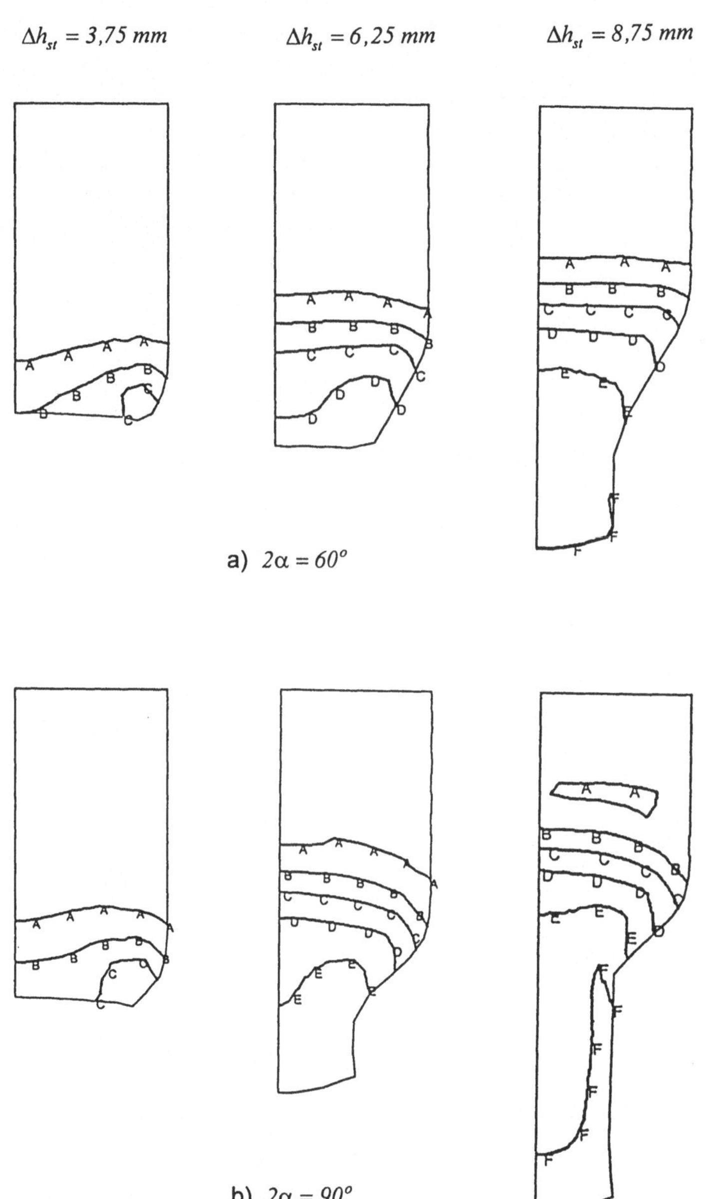

Δh_{st} = Stempelweg.

Bild 8.32 : Berechnete Verteilung der Vergleichsspannungen, A bis $F\ [N/mm^2]$

In den Bildern 8.31 und 8.32 sind die Verteilungen der Vergleichsformänderung und der Vergleichsspannung dargestellt. Der Kraftbedarf bei unterschiedlichen Matrizenwinkeln ist auch verschieden (Bild 8.33), obwohl die gleiche Querschnittsabnahme bei den beiden Rechenmodellen angenommen wurde. Das kann durch unterschiedliche Reibungs- und Schiebungsarbeiten erklärt werden. Die gesamte Kraft setzt sich zusammen wie in Gl.(8.10) aus der idealen Umformkraft, der Reibkraft an der Aufnehmerwand, der Reibkraft an der Matrize und der Schiebungskraft.

$$F_{ges} = F_{id} + F_{RW} + F_{RM} + F_{Sch} \tag{8.10}$$

wobei F_{ges} gesamte Kraft,

F_{id} ideale Umformkraft,

F_{RW} Reibkraft an der Aufnehmerwand,

F_{RM} Reibarbeit an der Matrize,

F_{Sch} Schiebungskraft.

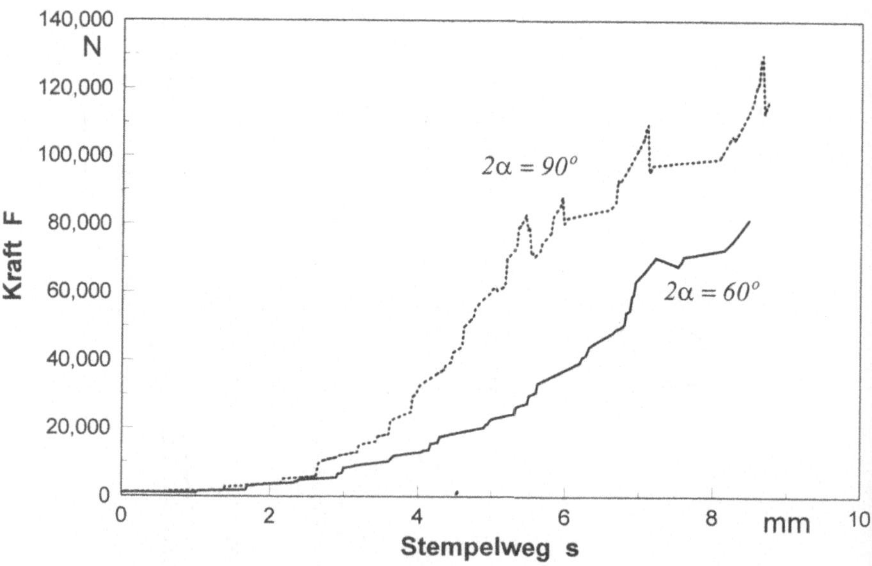

Bild 8.33 : Kraftverlauf bei Strangpressen mit zwei verschiedenen Matrizenwinkeln

Zum Vergleich der Simulationsrechnung mit Experimenten wurde ein Strangpreßversuch von Sailer [97] gewählt. Das Bild 8.34 zeigt das Rechenmodell, das den Versuch von Sailer idealisiert. Die Simulation wurde mit dem Programm PLADAT thermomechanisch gekoppelt durchgeführt, wobei das Werkzeug mechanisch starr angenommen wurde. Wärmestrahlung und -konvektion wurden aufgrund der geringen Einflüsse vernachlässigt. Die Wärmeübergang und -erzeugung an der Kontaktstelle wurden berücksichtigt. Simulationsdaten sind :

	Werkstück	Werkzeug
Werkstoff	$Al99,5$	$X38CrMoV5.1$
Wärmeleitzahl λ $[N/sK]$	$230,28$	27.14
spez.Wärmekapazität c_p $[Nmm/kgK]$	$1,071 \cdot 10^6$	$0,7227 \cdot 10^6$
Ausgangstemperatur T_0 $[^oC]$	$266,85$	$266,85$
Dichte ρ $[kg/mm^3]$	$2,637 \cdot 10^{-6}$	$7,7578 \cdot 10^{-6}$
FE-Diskretisierung	200 Q4 Elemente	373 Q4T Elemente
Wärmeübergangszahl α $[N/mms\,K]$	4,0	
Coulombsche Reibzahl	0,001	

Tabelle 8.4 : Simulationsdaten für den Versuch V1 von Sailer

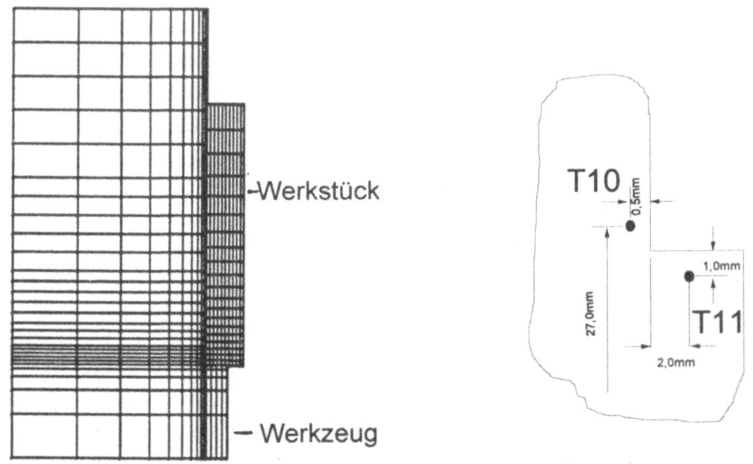

a) Diskretisierung   b) Temperaturmeßstelle T10 und T11

Bild 8.34 : Rechenmodell des Versuchs V1 von Sailer [97]

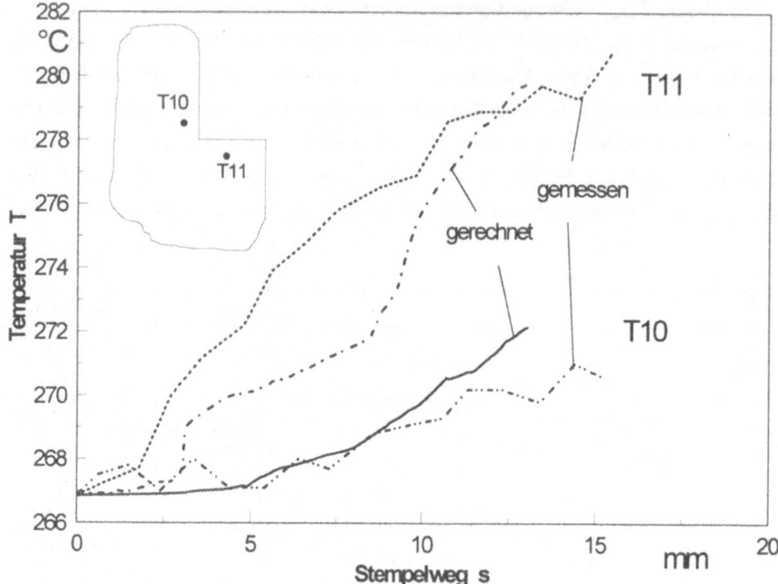

Bild 8.35 : Verlauf der Temperaturen an Meßstellen T10 und T11

Im Bild 8.35 werden Temperaturen an Meßstellen T10 und T11 gezeigt. An der Stelle T10 ist der Anstieg der Temperatur nicht steil, weil die Formänderung des Werkstücks im Bereich der Meßstelle T10 nicht groß ist. Demgegenüber ist der Temperaturverlauf an der Meßstelle T11 steil ansteigend. Gründe dazu sind die großen Formänderungen in dem matrizennahen Bereich und die große Reibarbeit auf der Matrizenfläche. Simulationsergebnisse und Experimente zeigen eine relativ gute Übereinstimmung.

8.6 Umformtechnische Fertigung eines Pleuels

Zur Überprüfung der entwickelten dreidimensionalen Rechenmodule wurde die umformtechnische Fertigung eines Pleuels simuliert. Der gesamte Prozeß in der Praxis kann aus drei Arbeitsgängen bestehen: Fließpressen des zylidrischen Ausgangsteils zur Massenvorverteilung durch die Kombination von Voll-Vorwärts- und Querfließpressen, Vorumformung des Werkstücks aus dem ersten Arbeitsgang und Fertigschmieden mit Kalibrierung (Bild 8.36).

Zur Durchführung der Simulationsrechnung eines allgemeinen dreidimensionalen Umformprozesses sind ein leistungsfähiger Rechner auf Hardwareseite und ein Remeshing Modul auf der Softwareseite zwingend erforderlich. Daher wurden nur die erste und zweite Arbeitsgänge mit vereinfachten Netzen von Werkstück und Werkzeug simuliert, da bei diesen Arbeitsgängen Umormvorgänge und Temperaturverlauf noch ohne Netzneugenerierung berechnet werden können. Der letzte Arbeitsgang, das Fertigschmieden, kann aufgrund der komplizierten Geometrie ohne Netzneugenerierung mit dem Programm PLADAT nicht simuliert werden. Im Bild 8.37 ist das verwendete Rechenmodell für die Pleuelumformung skizziert. Obwohl es sich bei dem ersten Arbeitsgang um ein axialsymmetrisches Fließpressen in einer Matrize handelt, wurde der Arbeitsgang dreidimensionale modelliert, um das verzerrte Netz und die Werkstoffdaten vom ersten direkt auf den dreidimensionalen zweiten Arbeitsgang übertragen zu können.

Die Simulationsrechnungen wurden mit der Annahme einer konstanten Temperatur in der Matrize thermo-mechanisch gekoppelt durchgeführt. Aber die Wärmeerzeugung durch die Reibung und der Wärmetransport durch die Leitung an die Kontaktstellen wurden in der Rechnung berücksichtigt. Zwischen dem ersten und dem zweiten Schritt wurde keine zeitliche Verschiebung vorausgesetzt, d.h. die Transportzeit von einem zum anderen Arbeitsgang wurde nicht berücksichtigt. Simulationsdaten des Modells sind in Tabelle 5 zusammengefaßt.

	Werkstück	Matrize	Stempel
Werkstoff	$Al99,5$	$X38CrMoV5.1$	$X38CrMoV5.1$
Wärmeleitzahl λ $[N/sK]$	$230,28$	27.14	27.14
spez.Wärmekapazität c_p $[Nmm/kgK]$	$1,071 \cdot 10^6$	$0,7227 \cdot 10^6$	$0,7227 \cdot 10^6$
Ausgangstemperatur T_0 $[^{\circ}C]$	420	400	400
Dichte ρ $[kg/mm^3]$	$2,637 \cdot 10^{-6}$	$7,7578 \cdot 10^{-6}$	$7,7578 \cdot 10^{-6}$
FE-Diskretisierung	300 H8T Elemente	71 SQUAD Segmente	4 SQUAD Segmente
Wärmeübergangszahl α $[N/mmsK]$	4,0		
Coulombsche Reibzahl	0,01		

Tabelle 8.5 : Simulationsdaten für die Pleuelfertigung

Die Fließspannung wird mit Berücksichtigung von $\varphi, \dot{\varphi}$ und T nach der Formel in Gl.(8.8) approximiert. Einzelne Parameter dabei sind :

$$A_1 = 9,395 \quad A_2 = 1,098 \quad A_3 = 0,698$$
$$m_1 = 0,0056 \quad m_2 = 0,041 \quad m_3 = 0,156 \,.$$

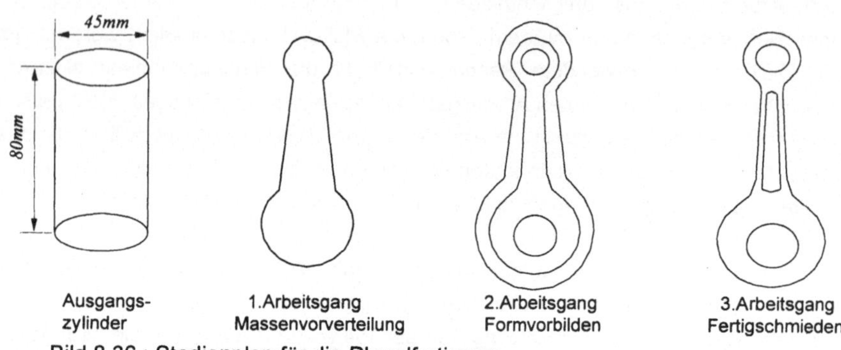

Bild 8.36 : Stadienplan für die Pleuelfertigung

In Bild 8.37 werden das mit SQUAD-Segment idealisierte Werkzeug und das mit H8T-Element diskretisierte Werkstück gezeigt. Das Werkzeug wurde als mechanisch und thermisch starr, d.h. ohne Verformung und mit konstanter Temperatur, angenommen.

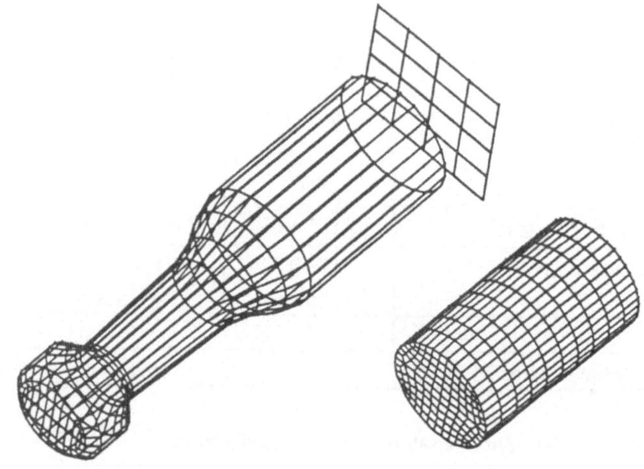

Bild 8.37 : Werkstück und Werkzeug im ersten Arbeitsgang

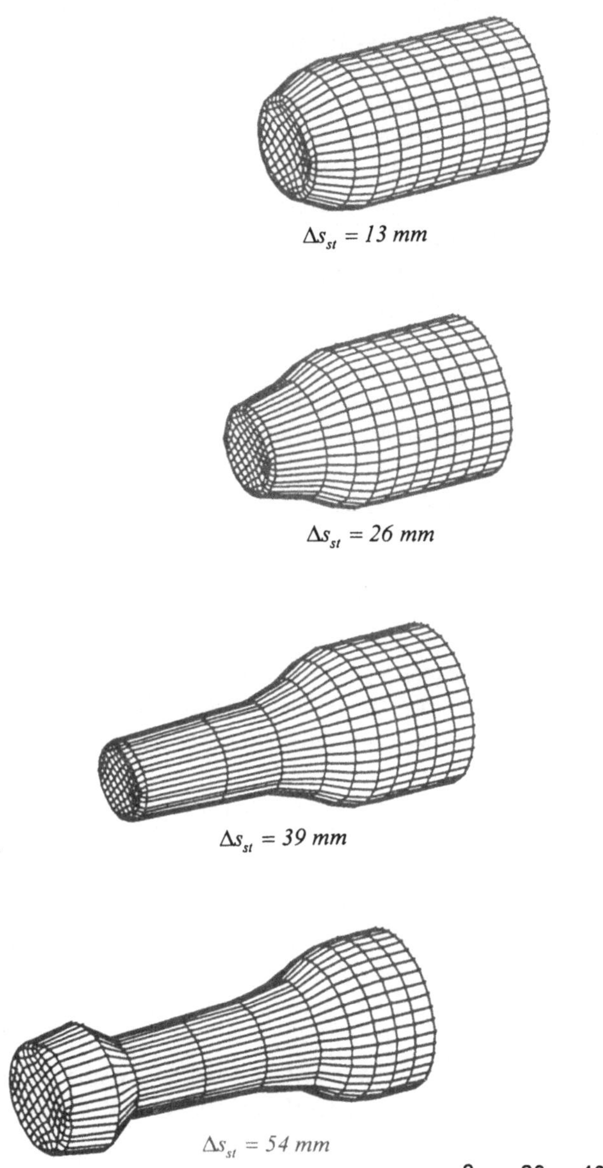

Δs_{st} = Stempelweg

Bild 8.38 : Verzerrte FE-Netze, Augenblicksformen im ersten Arbeitsgang.

Im Bild 8.38 sind deformierte Netze für drei unterschiedliche Stempelwege in dem ersten Schmiedeschritt gezeigt. Bei allen Stufen werden veränderliche Kontaktstellen durch den entwickelten Kontaktsuchmodul exakt ermittelt und zur Erfüllung der Kontaktbedingung punktuell auf der Werkstückseite erzwungen. An der gekrümten Fläche, die durch mehrere 4-Knoten Segmente mit einem linearen Ansatz approximiert wird, können jedoch Knoten der Werkzeugsegmente je nach der Krümmung mehr oder weniger in das Werkstück eindringen, da die Kontaktbedingung einseitig nur auf der Werkstückseite erfüllt werden. Das sogenannte Interferenz Problem kann durch die Verfeinerung des Netzes weitgehend unterdrückt werden.

In der Anfangsphase der Deformation des ersten Schritts kommen nur Knoten auf der Mantelfläche des Werkstückendbereichs in Kontakt mit der Matrize. Gleichzeitig wird der Zylinder im oberen Bereich zum Stempel gestaucht bzw. ausbaucht, so daß die ausgebauchte Fläche später auch mit dem Werkzeug kontaktieren wird. Im Laufe der Prozesse legen sich alle Werkstückknoten auf der Zylinderfläche an dem Werkzeug an. In der Endphase des ersten Schritts ist das Werkstück durch den tunnelförmige Teil der Matrize durchgewandert und die Knoten an der vorderen Mantelfläche heben sich zunächst von der Matrize ab und bei dem weiteren Verlauf legen sie sich wider an den Boden der Matrize an. Der Vorgang wird durch wechselnde Formänderungsverhalten gekennzeichnet, d.h. das Werkstück wird in der Anfangsphase in die Längsachse gestreckt oder teilweise erst gestaucht (ausgebaucht) und gestreckt, und am Ende wieder gestaucht.

Im Bild 8.38 werden Verläufe der Vergleichsformänderungen gezeigt. Aus Symmetriegründen wird jeweils ein Viertel des Werkstücks dargestellt. Erwartungsgemäß konzentriert sich die Formänderung zunächst im Einschnürbereich des Werkzeugs und im Laufe der weiteren Streckung nimmt sie zu. Am Ende des Vorgangs wird das Werkstück zusätzlich gestaucht und die höchste Vergleichsformänderung ist im Stauchbereich vorhanden. Eine ähnliche Tendenz ist bei dem Verlauf der Vergleichsspannung im Bild 8.40 festzustellen.

Die gesamte Berechnung im ersten Arbeitsgang wurde in 525 Lastschritten stufenweise durchgeführt und die Rechenzeit von 42,5 Stunden war auf der Rechennlage IBM RISC6000 erforderlich.

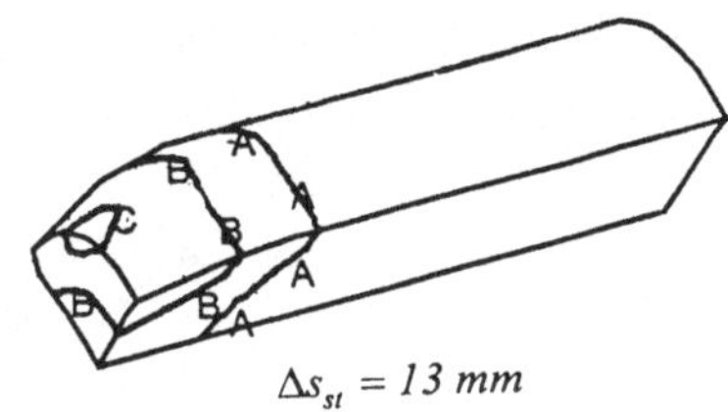

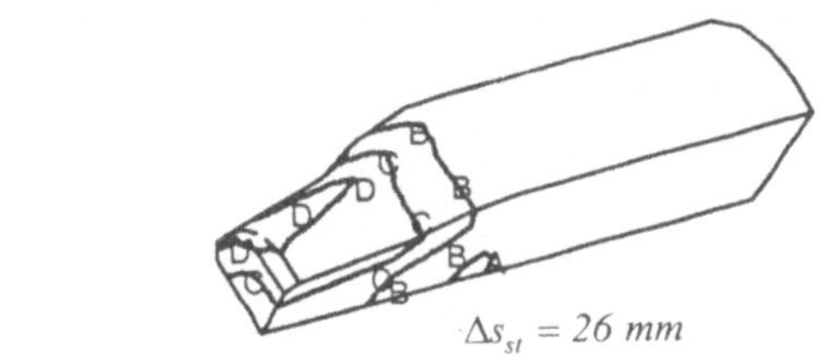

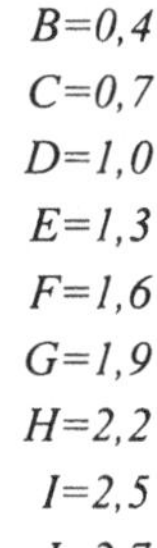

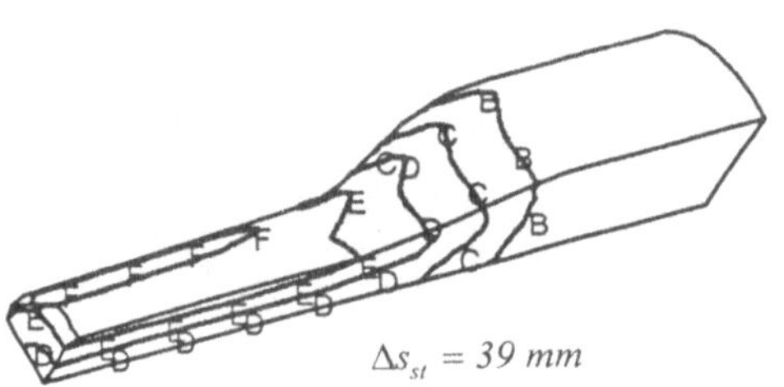

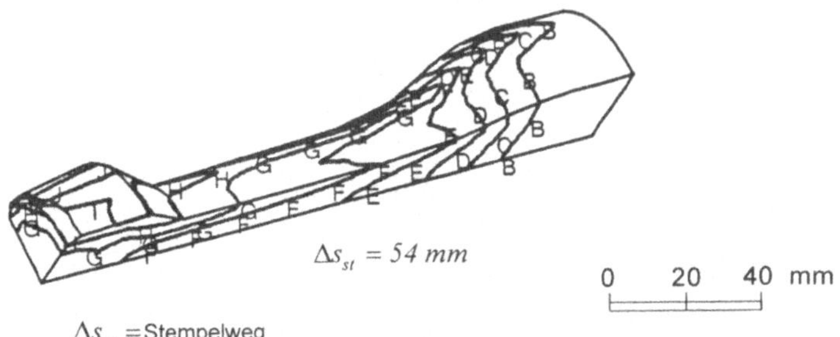

Δs_{st} = Stempelweg

Bild 8.39 : Berechnete Vergleichsformänderungen A bis J im ersten Arbeitsgang. Dargestellt ist ein Viertel des Werkstücks.

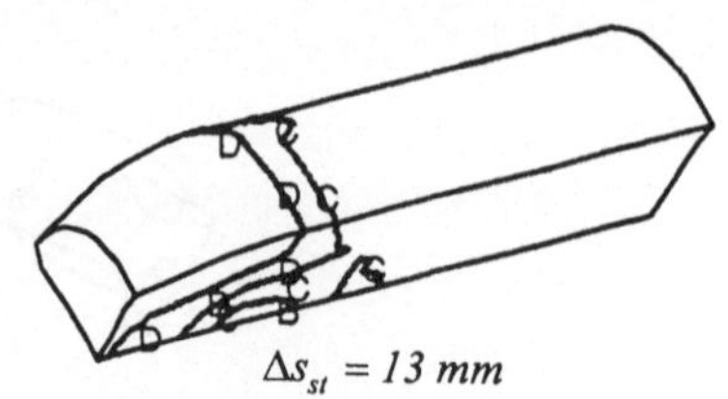

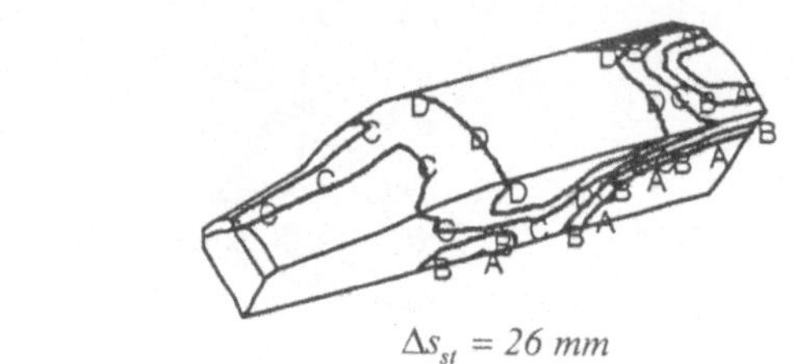

$A=8$
$B=10$
$C=13$
$D=16$
$E=19$
$F=22$

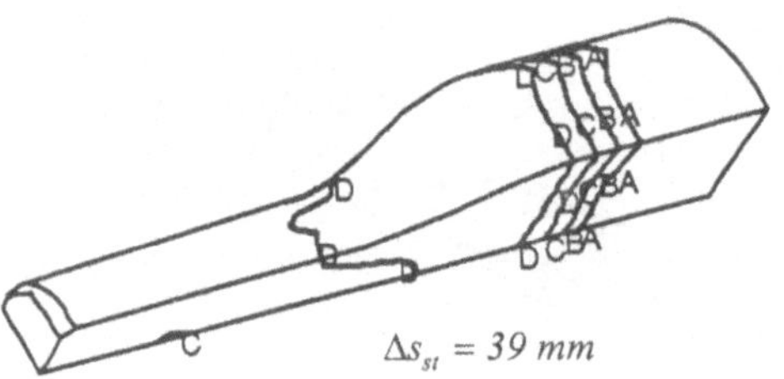

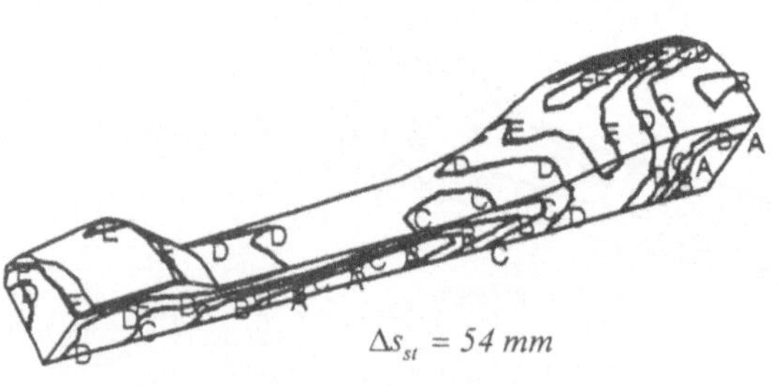

Δs_{st} = Stempelweg

Bild 8.40 : Berechnete Vergleichsspannungen A bis $F\left[N/mm^2\right]$ im ersten Arbeitsgang. Dargestellt ist ein Viertel des Werkstücks.

Beim Umformen eines Werkstücks wird die Umformenergie in Wärme dissipiert. Die Dissipationsenergie trägt zu einer Temperaturerhöhung im Werkstück bei. An den Kontaktstellen geht die Wärme durch Leitung an das Werkzeug mit einer niedrigerer Temperatur verloren, und auf der anderen Seite wirkt sich die Reibarbeit als eine zusätzliche Wärmequelle aus. Drei Mechanismen laufen gleichzeitig ab, aus denen der gesamte Wärmehaushalt bestimmt wird : Im Bereich der großen Formänderung ist die Temperatur hoch, weil die Dissipation der Umformarbeit in Wärme überwiegt. Demgegenüber ist an der Kontaktstelle mit dem Stempel aufgrund der niedrigen Formänderung und geringen Reibleistung (kleine relative Bewegung) die Wärmeleitung vom Werkstück zum Werkzeug zur Temperaturbestimmung maßgebend. In der stempelnahen Werkstückzone ist in der Anfangsphase der Wärmeverlust durch die Leitung an der Kontaktstelle größer als der Wärmetransport durch Leitung im Werkstück, so daß die Werkstücktemperatur in der Anfangsphase teilweise unterhalb der Ausgangstemperatur des Werkstücks liegt. Wenn weiter umgeformt wird, wird immer mehr Wärme aus der Umformarbeit im Werkstück erzeugt und dann durch die Wärmeleitung im Werkstück von den Zonen mit großen Formänderungen zu den Zonen mit niedrigeren Formänderungen bzw. mit langen Kontaktzeiten transportiert. Dies wird durch Erwärmung des stempelnahen Bereichs festgestellt.

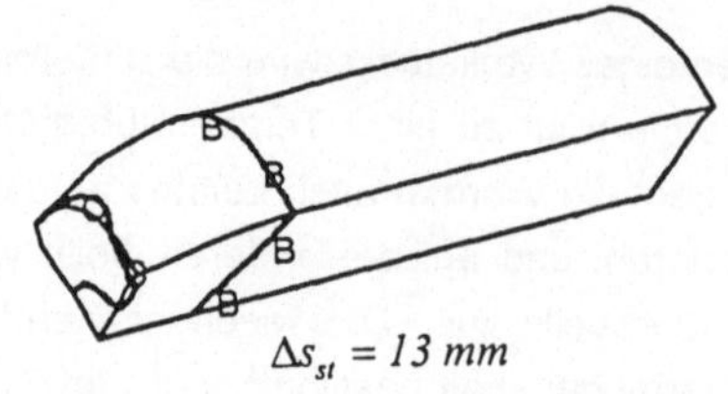

$\Delta s_{st} = 13\ mm$

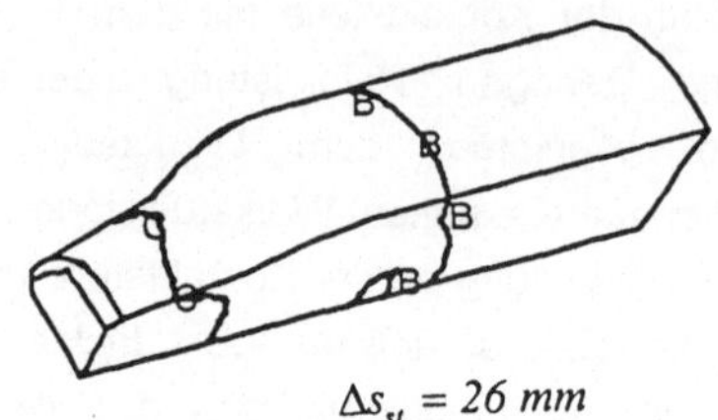

$\Delta s_{st} = 26\ mm$

$A=410$
$B=429$
$C=448$
$D=467$
$E=486$
$F=505$
$G=524$
$H=543$

$\Delta s_{st} = 39\ mm$

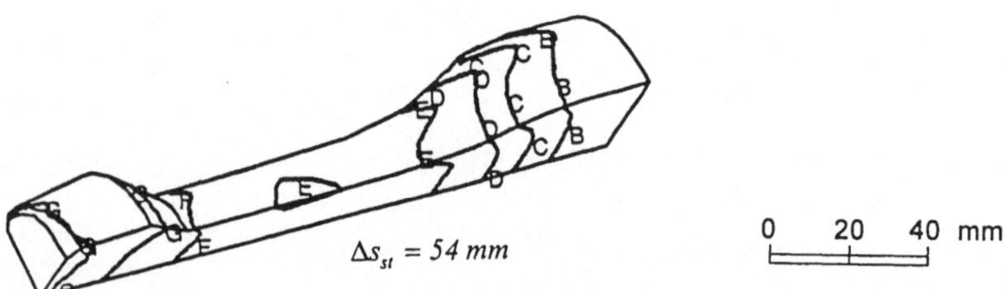

$\Delta s_{st} = 54\ mm$

$\lambda = 230\ N/s\,K, \quad \alpha = 4{,}0\ N/ms\,K, \quad T_0 = 420\,^{\circ}C \quad \Delta s_{st} = \text{Stempelweg}$

Bild 8.41 : Berechnete Temperaturfelder A bis $H\left[^{\circ}C\right]$ im ersten Arbeitsgang.
Dargestellt ist ein Viertel des Werkstücks.

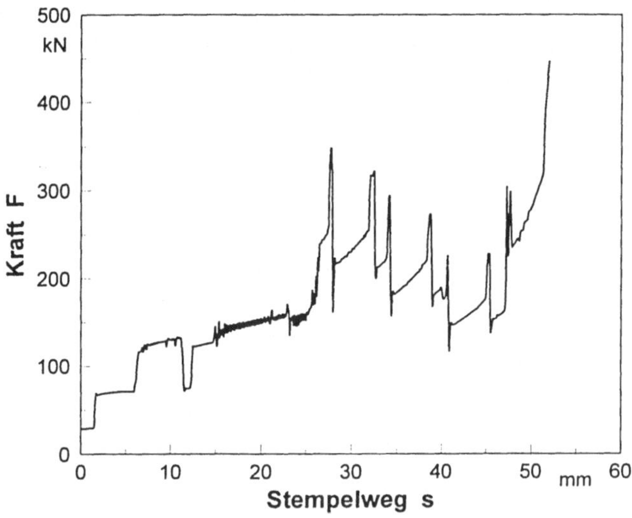

Bild 8.42 : Berechneter Kraftverlauf im ersten Arbeitsgang

Der Kraftverlauf ist aus Bild 8.42 zu entnehmen. Die gesamte Kraft setzt sich zusammen aus :

$$F_{ges} = F_{id} + F_{RM} + F_{Sch} \qquad (8.11)$$

wobei F_{ges} : gesamte Kraft,

F_{id} : ideale Umformkraft,

F_{RM} : Reibkraft an der Matrizenwand

F_{Sch} : Schiebungskraft.

In der idealen Umformkraft F_{id} sind die Umformkraft für Vorwärts-Fließpressen und die Umformkraft für Querfließpressen zusammengefaßt. Aufgrund des gegebenen Verfahrens wird die Umformkraft für Querfließpressen nur in der Endphase des ersten Arbeitsgangs benötigt. Erst ist die Kraft nur zum Fließpressen des Werkstücks in dem engen Eingangsbereich des Werkzeugs erforderlich. Die Kraft steigt bis zu einem Stempelweg von 7mm steil an und bis 27mm langsam, da Kontakte erst im Fließpreßbeginn und und danach aufgrund der Ausbauchung des Zylinders auch an Matrizenwand zustande kommen (steiler Kraftanstieg) und bis der nächsten Kontaktänderung bleiben (langsamer Kraftanstieg). Ab dem Stempelweg von 27mm fällt die Kraft wieder ab, weil sich Knoten des gepressten Werkstücks im vorderen Zylinderbereich vom Werkzeug abheben. Dieser Abfall dauert solange, bis der Zylinder den Boden des Werkzeugs berührt, wodurch das Querfließpressen aktiviert wird und die Kraft wieder steigt. Sprünge in dem Kraftverlauf (Bild 8.42) können dadurch erklärt werden, daß Kontakte im Programm PLADAT punktweise bearbeitet werden und daher der gesamte Kraftbedarf des relativ grob diskretisierten Rechenmodells von der Änderung des Kontaktzustandes empfindlich ist.

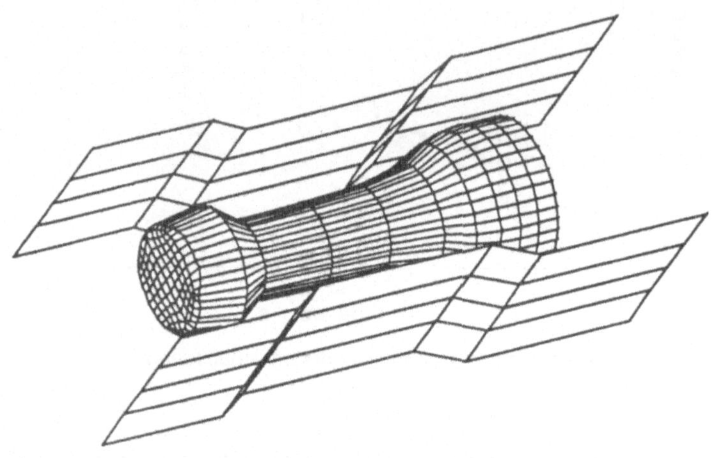

Bild 8.43 : Werkzeug und Werkstück im zweiten Arbeitsgang

Zur Vorformbildung wird der zweite Arbeitsgang benötigt. Hierzu wird das fertig gepresste Werkstück aus dem ersten Arbeitsgang übernommen, d.h. das FE-Netz und die Werkstoffdaten am Ende des ersten Arbeitsgangs wurden direkt für den zweite Arbeitsgang eingesetzt. Mit den beiden Werkzeugen, einem Ober- und einem Unterwerkzeug (Bild 8.43), wird das Werkstück weiter gestaucht. Wegen der vorgegebenen Umformung ist das Rechenmodell für den zweiten Arbeitsgang dreidimensional.

Verzerrte Netze im Umformverlauf werden aus mehreren Blickwinkeln dargestellt (Bild 8.44, 8.45, 8.46). Des weiteren zeigen die Bilder 8.47, 8.48. 8.49 und 8.50 Verläufe der berechneten Vergleichsformänderung, Vergleichsspannung, Temperatur und Kraft. Aufgrund der relativ regelmäßigen Anlegen von Kontakknoten im zweiten Arbeitsgang ist der Anstieg im Kraftverlauf relativ linear.

Die Rechenzeit für den zweiten Arbeitsgang betrug 23,6 Stunden auf dem IBM RISC 6000.

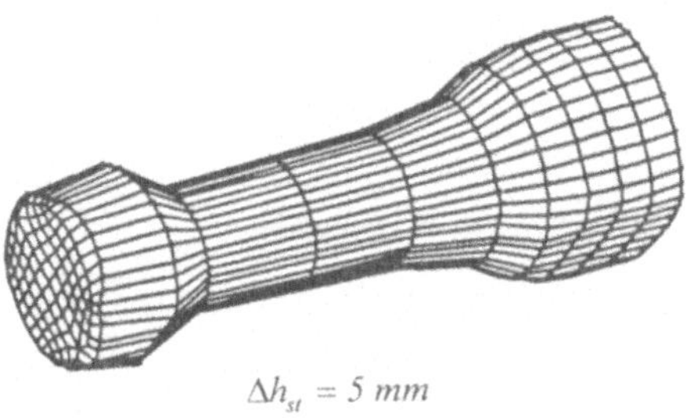

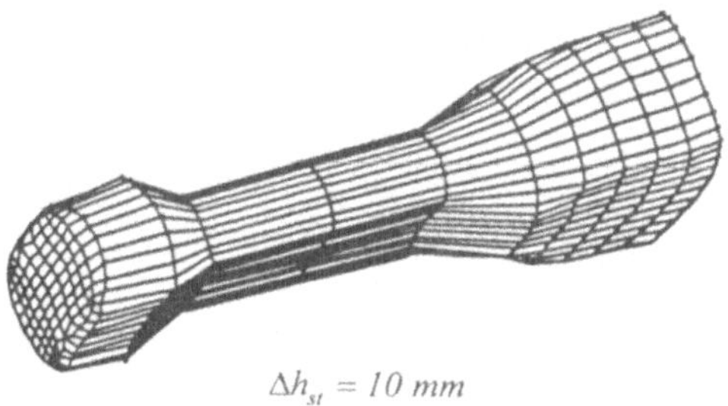

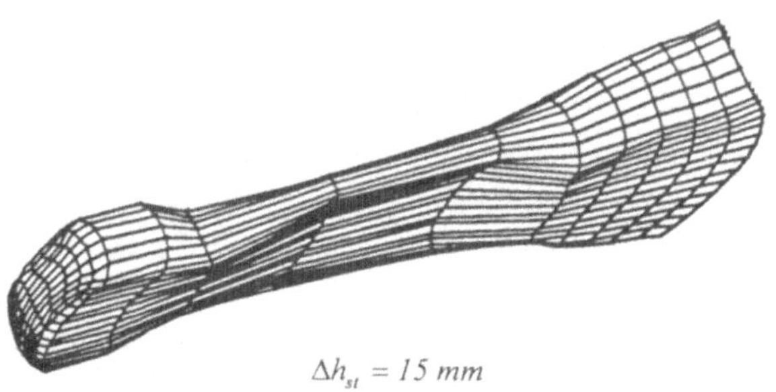

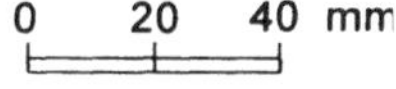

Δh_{st} = Stempelweg

Bild 8.44 : Verzerrte FE-Netze, Augenblicksformen im zweiten Arbeitsgang, perspektivisch.

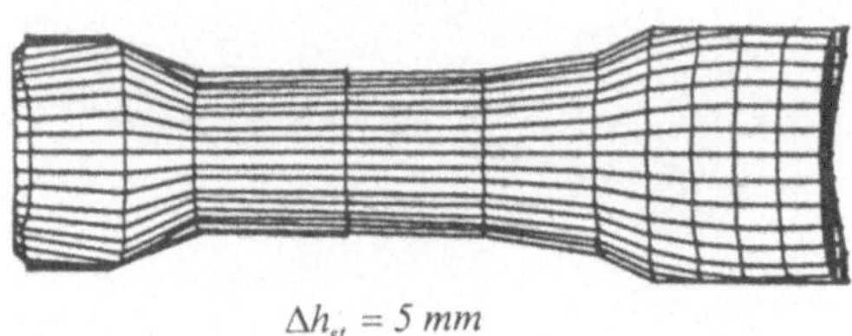

$$\Delta h_{st} = 5 \ mm$$

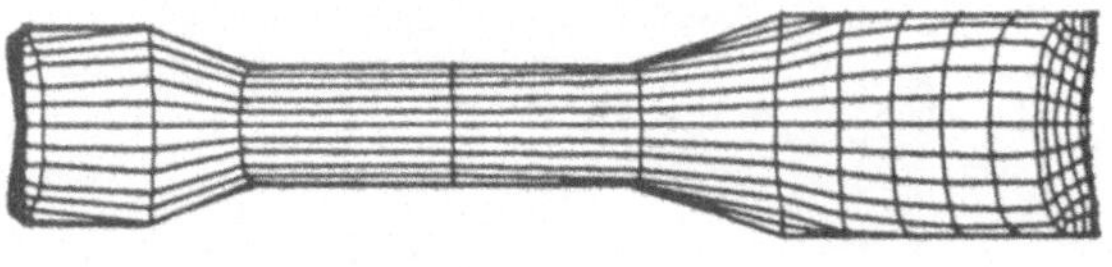

$$\Delta h_{st} = 10 \ mm$$

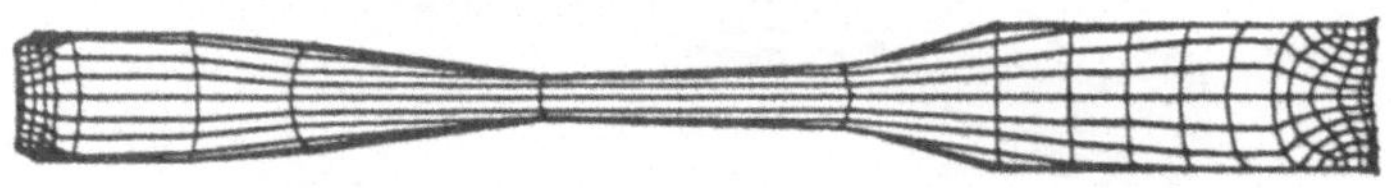

$$\Delta h_{st} = 15 \ mm$$

Δh_{st} = Stempelweg

Bild 8.45 : Verzerrte FE-Netze, Augenblicksformen im zweiten Arbeitsgang, Seitenansicht.

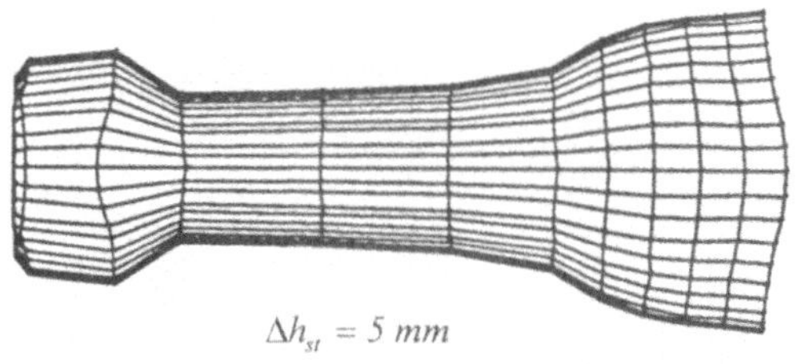

$\Delta h_{st} = 5\ mm$

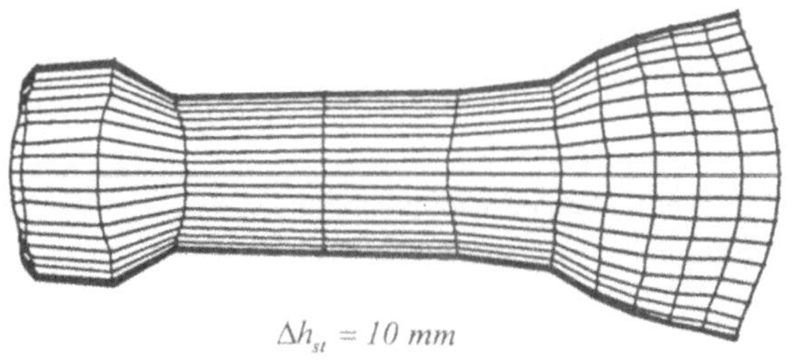

$\Delta h_{st} = 10\ mm$

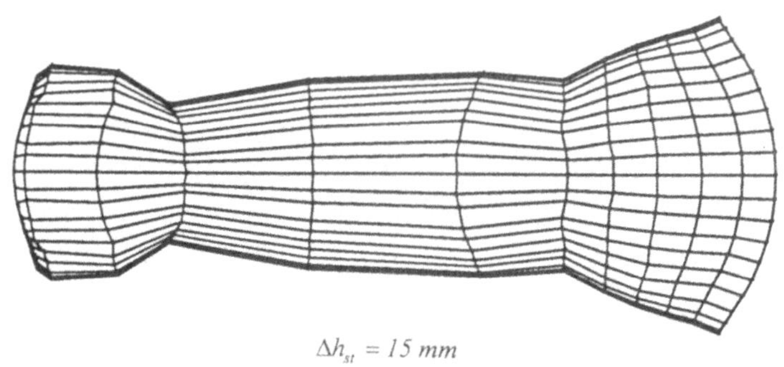

$\Delta h_{st} = 15\ mm$

Δh_{st} = Stempelweg

Bild 8.46 : Verzerrte FE-Netze, Augenblicksformen im zweiten Arbeitsgang, Draufsicht.

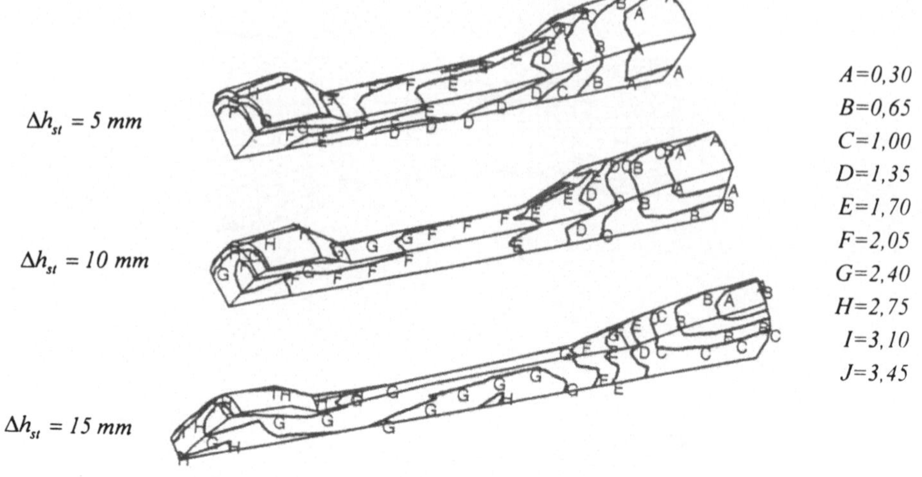

Bild 8.47 : Berechnete Vergleichsformänderungen A bis J im zweiten Arbeitsgang. Dargestellt ist ein Viertel des Werkstücks.

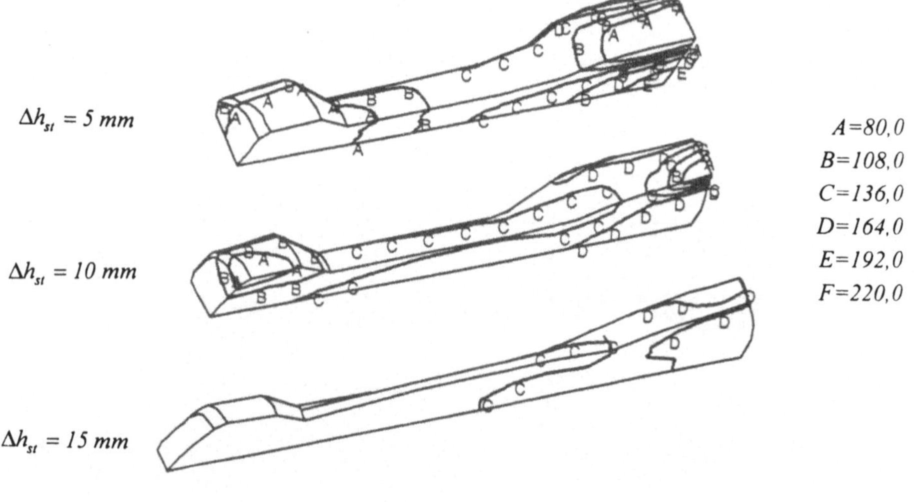

Bild 8.48 : Berechnete Vergleichsspannungen A bis F $\left[N/mm^2\right]$ im zweiten Arbeitsgang. Dargestellt ist ein Viertel des Werkstücks.

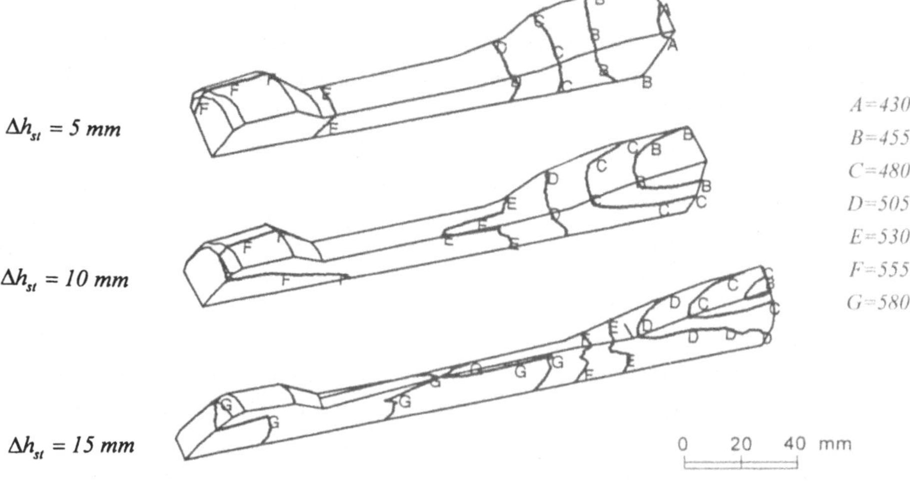

Bild 8.49 : Berechnete Temperaturfelder A bis G $\left[{}^{\circ}C\right]$ im zweiten Arbeitsgang. Dargestellt ist ein Viertel des Werkstücks.

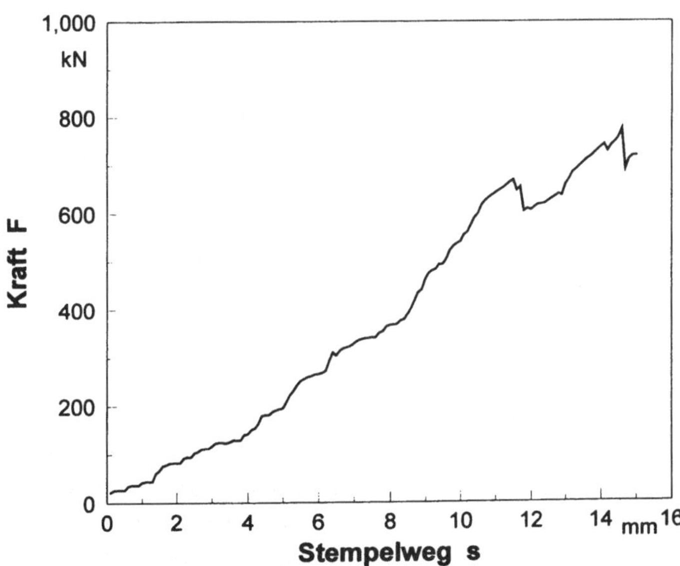

Bild 8.50 : Berechneter Kraftverlauf im zweiten Arbeitsgang

9 Ausblick

Im Rahmen der Arbeit konnte gezeigt werden, daß das entwickelte Programmsystem PLADAT wegen des starr-plastischen Stoffgesetzes, großer Formänderungen, hoher Flächenpressungen und variabler Kontaktflächen vornehmlich für die Simulation von Massivumformvorgängen mit Gewinn an Ergebnisinhalt und Genauigkeit eingesetzt werden kann.

Die wechselnde Kontaktstelle zwischen Werkzeug und Werkstück, die bei den meisten Umformverfahren nicht konstant bleibt, kann mit dem entwickelten Kontaktsuchmodul effektiv ermittelt werden. Die Programmmodule, Temperaturmodul und Anisotropiemodul, können zusammen mit dem Kontaktsuchmodul zur Simulation von Kaltmassivumformvorgängen wie Aufweiten, Verjüngen, Fließpressen, Abstreckgleitziehen, Dehnen, Schließen im Gesenk usw. eingesetzt werden. Die genaue Ermittlung der Kontaktstellen und die Berücksichtigung der Wärmerandbedingungen sind wichtige Voraussetzungen für eine korrekte Simulation in der Kaltmassivumformung. Dabei kann die Wärmeerzeugung durch Reibung und Dissipation der Umformenergie das lokale Umformverhalten beeinflußen. Mit dem Anisotropiemodul können Prozesse für rotationssymetrische Werkstücke aus radial anisotropen Werkstoffen zutreffender simuliert werden, z.B. Rohrziehen, Einhalsen, Hohl-Vorwärts-Fließpressen, Hohl- und Gleitziehen.

Bei Halbwarm- und Warmumformung wie Gesenkschmieden mit und ohne Grat, Halbwarmschmieden, Voll- und Hohlstauchen, Anstauchen, Fließpressen (Voll,Hohl,Napf), Strangpressen usw. kann mit Hilfe des Temperatur- und Kontaktsuchmoduls der Wärmetransfer an den Kontaktstellen berücksichtigt werden.

Ein wesentlicher Bestandteil für eine Simulationsrechnung eines Umformprozesses ist die Beschreibung des Werkstoffverhaltens in Abhängigkeit von den üblichen Umformbedingungen - Formänderung, Formänderungsgeschwindigkeit, Temperatur. Bei Halbwarm- und Warmumformung ist es besonders wichtig, Einflüsse von Temperatur und Formänderungsgeschwindigkeit in der Aktualisierung der Fließspannung zu berücksichtigen. In der Literatur sind manche analytische Ansätze zur Approximation der Fließspannung bekannt, die alle Umformbedingungen enthalten. Sie sind jedoch nur für bestimmte Bereiche der Formänderung, Formänderungsgeschwindigkeit und Temperatur gültig, so daß örtlich auftretende kleine bzw. große Formänderungen, Formänderungsgeschwindigkeiten und Temperaturen nicht exakt in der Fließspannung berücksichtigt werden können. Eine

Alternative zu der analytischen Funktion ist direkte Eingabe der Fließspannung in die Simulationsrechnung, wobei der Verlauf der Fließspannung in Abhängigkeit von den Umformbedingungen in Form einer Tabelle aus dem Experiment ermittelt wurde. Ein großes Problem besteht allerdings darin, daß zur Bestimmung der Fließkurve immer ein Versuch bei gegebenen Umformbedingungen durchgeführt werden muß. Die Erstellung einer Werkstoffdatenbank, die für gängige Werkstoffe alle notwendige Daten bezüglich der Umformbedingungen enthält, wäre eine sinnvolle Ergänzung zu dieser Problematik.

Reale Werkstoffe sind im allgemeinen nicht isotrop. Metalle mit hexagonalem Kristallgitter, z.B. Magnesium, Zink, Titan, weisen eine besonders ausgeprägte Anisotropie auf. Diese Metalle gewinnen in der industriellen Praxis zunehmend an Bedeutung. Für rotationssymetrisches Halbzeug kann durch Simulation mit der radialen Anisotropie das anisotrope Umformverhalten dieser Metalle hinsichtlich Stofffluß und Kraftbedarf analysiert werden. Aufgrund des veränderlichen Texturverlaufs während der Umformung eines anisotropen Werkstücks ist die radiale Anisotropie im allgemeinen nicht konstant. Um die variable radiale Anisotropie in Abhängigkeit von der Umformung in einer Simulationsrechnung zu berücksichtigen, ist es noch erforderlich, den Zusammenhang zwischen der Anisotropie und der kristallographischen Textutr zu beschreiben und in die FE-Formulierung zu implementieren.

In Zukunft sollte die beschriebene Kontaktsuchmethode zur Behandlung allgemeiner Vorgänge mit beliebigen FE-Elementtypen weiterentwickelt werden. Dazu ist die Einführung neuer Segmenttypen notwendig. Damit thermische und mechanische Vorgänge bei gegebenen Problemstellungen jeweils mit eigenen FE-Netzen behandelt werden können, ist ein neues Konzept für die thermo-mechanische Kopplung vorteilhaft, das Abbildung und Interpolation von Zustandsvariablen zwischen den Netzen ermöglicht.

Literaturverzeichnis

[1]   Siegert, K.   : Reproduzierbarer Umformprozeß, Neuere Entwicklungen in der Massivumformung. DGM-Informationsgesellschaft Verlag. 1991, S.253-257

[2]   Ismar, H. ; Mahrenholtz, O. :   Techinische Plastomechanik. Braunschweig /Wiesbaden, Friedr. Vieweg & Sohn, 1978

[3]   Kobayashi, S. ; Oh, S.I. ; Altan, T. :   Metal Forming and The Finite-Element Method. Oxford University Press, 1989

[4]   Malvern, L.E. :   Introduction to the mechanics of a continuous medium. Englewood Cliffs, NewJersey: Prentice-Hall, 1969

[5]   Dieter, G.E. : Mechanical Metallurgy. Tokyo, McGraw-Hill, 1976

[6]   Slater, R.A.C. : Engineering Plasticity. London, The Macmillan Press, 1977

[7]   Hensel, A.; Spittel, T : Kraft- und Arbeitsbedarf bildsamer Formgebungsverfahren. Leipzig: VEB Deutscher Verlag für Grundstoffindustrie, 1979

[8]   Hill, R. : The mathematical theory of plasticity. Oxford, Clarendon Press,1950

[9]   Bathe, K.J. : Finite Element Procedures in Engineering Analysis. Englewood, Cliffs, New Jersey: Prentice Hall, 1982

[10] Zienkiewicz,O.C. ; Taylor.R.L : The Finite Element Method, Volum 1 Basic Formulation and Linear Problems. London: McGraw-Hill, 1989

[11] Schwarz,H,R.: Methode der Finiten Elemente. Stuttgart: B.G. Teubner, 1980

[12] Bingham,E.C.: Fluidity and Plasticity. New York: Mcgraw-Hill, 1922

[13] Perzyna,P.: Fundamental Problems in Viscoplasticity. Adv.Appl.Mech.,9, 1966, S.243

[14] Markov,A.A.: On variational priciple in the theory of Plasticity. Mehchanika II, 1947, S.339-350

[15] Nagtegaal,J.C.; Parks,D.M.; Rice,J.r.: On numerically accurate Finite Element solutions in the fully plastic range. Comp.Meth.Appl.Mech.Eng. 4 (1974), S.153-177

[16] White, F.M. : Heat Transfer. Addison-Wesley, 1984

[17] Gröber, H. ; Erk, S. ; Grigull, U. : Die Grundgesetze der Wärmeübertragung. Berlin/Heidelberg/New York: Springer 1981

[18] Betten, J. : Elastizitäts-und Plastizitätslehre. Braunschweig: Vieweg, 1986

[19] Hughes, T.J.R. : The Finite Element Method, Prentice-Hall, 1987

[20] Argyris,J.H. u.a. : Die elastoplastische Berechnung von allgemeinen Tragwerken und Kontinua. Ingenieur Archiv, 37.Band 5.Heft (1969), S.326-352

[21] Zienkiewicz,O.C.; Valliapan, S.; King, I.P. : Elastoplastic solutions of engineering problems. Initial steress, finite element approach. Int. J. Num. Mech.Eng. 1 (1969), S.75-100

[22] Lee, C. H. .; Kobayashi, S. : Analysis of axisymmetric upsetting and plane-stress-side-pressing of solid cylinders by the finite Element Method. Trans. ASME, Ser. B, Vol.93 (1971), S.445-454

[23] Hughes,T.J.R : The Finite Element Method, Linear static and Dynamic Finite Element Analysis. Englewood Cliffs: Prentice-Hall, 1987

[24] Tekkaya, A.E : Ermittlung von Eigenspannungen in der Kaltmassivumformung. Berichte aus dem Institut für Umformtechnik der Universität Stuttgart, Nr.83,Berlin usw.: Springer 1986

[25] Roll, K. : Einsatz numerischer Näherungsverfahren bei der Berechnung von Verfahren der Kaltmassisvumformung. Berichte aus dem Institut für Umformtechnik der Universität Stuttgart, Nr.66, Berlin usw.: Springer 1982

[26] Gerhardt, J. : Numerische Simulation dreidimensionaler Umformvorgänge mit Einbezug des Temperaturverhaltens. Berichte aus dem Institut für Umformtechnik der Universität Stuttgart, Nr.101, Berlin usw.: Springer 1989

[27] Herrmann, M. : Beitrag zur Berechnung von Vorgängen der Blechumformung mit der Methode der Finiten Elemente. Prozeßsimulation in der Umformtechnik, Nr.1, Berlin usw.: Springer 1991

[28] Weitzel, Fr. : Aus der Geschichte des Strangpressens, Aluminium 67 (1991), S.337-340

[29] Lange, K. (Hrsg.) : Umformtechnik, Bd.2, Massivumformung. Berlin: Springer 1974

[30] Wilson,E.A. ; Parsons, B. : Finite-Element analysis of elastic contact problems using differential displacements. Int.J.Num.Mech.Engng,2 (1970), S.387-395

[31] Chan, S.K. ; Tuba, I.S. ; A Finite-Element-Method for contact problems of solid bodies-Part I, Theory and Validation. Int.J.Mech.Sci,13 (1971), S.615-625

[32] Schäfer, H.: A contribution to the solution of contact problems with the aid of bond elements. Comput.Mech.Appl.Mech.Eng. 6 (1975), S.159-165

[33] Francavilla, A. ; Zienkiewicz, O.C. : A note on numerical computation of elastic contact problems. Int.J.Num.Meth.Eng.9 (1975), S.913-924

[34] Hughes,J.R ; Taylor, R.L. ; Sackman, J.L. ; Curnier, A. ; Kanoknukulchai, W. ; A Finite-Element-Method for a class of contact-impact problems, Comput.Meth.Appl.Mech.Eng.8 (1976), S.249-276

[35] Bathe, K.J. ; Chaudary, A.B. : A solution method for planar and axisymmetric contact problems, Int.J.Num.Meth.Eng.21 (1985), S.65-88

[36] Chaudary, A.B. ; Bathe, K.J. : A solution method for static and dynamic analysis of three-dimensional contact problems with friction. Comput.Struct.24 (1986), S.885-873

[37] Oden, J.T : Exterior Penalty-Methods for contact problems in elasticity. Nonlinear Finite-Element analysis in structural mechanics. New York: Springer 1981

[38] Kikuchi, N : A smoothing technique for reduced integration Penalty-Methods in contact problems. Int.J.Num.Mech.Eng.18 (1982), S.343-350

[39] Oden, J.T ; Kikuchi, N : Finite-Element-Methods for constrained problems in elasticity. Int.J.Num.Mech.Eng.18 (1982), S.701-725

[40] Hallquist, J.O. ; Godreau, G.L. ; Benson, D.J. : Sliding interface with contact-impact in large-scale Lagrangian computations. Comput. Meth. Appl. Mech.Eng.51 (1985), S.107-137

[41] Oden, J.T. ; Carey G.F. : Finite-Elements, Special problems in solid mechanics, Vol.V. Englewood Cliffs, NJ: Prentice-Hall, 1984

[42] Kikuchi, N. ; Song, Y.J. : Remarks on relations between penalty and mixed Finite-Element-Methods for a class of variational inequalities. Int.J.Num.Mech.Eng.15 (1980), S.1557-1561

[43] Siegert, K. : Untersuchungen über das direkte, indirekte und hydrostatische Strangpressen. Diss. TU Berlin, 1976

[44] Laue, K. ; Stenger, H : Strangpressen, Verfahren-Maschinen-Werkzeuge. Düsseldorf: Aluminium-Verlag, 1976

[45] Lung, M. : Ein Verfahren zur Berechnung des Geschwindigkeits- und Spannungsfeldes bei stationären starr-plastischen Formänderungen mit Finiten Elementen. Diss. TU Hannover,1971

[46] Lee, C.H. ; Kobayashi, S. : New solutions to rigid-plastic deformation problems using a matrix method. J.Eng.f.Ind. 95 (1973), S.865-873

[47] Kobayashi, S. : Rigid-plastic Finite Element analysis of axisymmetric metal forming Processes. ASME winter annual meeting, Atlanta, 1978

[48] Malkus, D.S. : Finite Element analysis of inkompressible solids. Diss.Boston University, 1976

[49] Chen, C.C. ; Kobayashi, S. : Rigid plastic Finite Element analysis of ring compression. Applications of numerical methods to forming processes, ASME, AMD-Vol.28 (1978), 163-164

[50] Rebelo, N. ; Kobayashi, S. : A coupled analysis of viscoplastic deformation and heat transfer I,II. Int.J.Mech.Sci. Vol.22 (1980), S.699-705,707-718

[51] Mahrenholtz, O. ; Westerling, C. ; Klie, W. ; Dung, N.L. : Finite Element approach to large plastic deformation at elevated temperatures. In: Proc. ASME winter annual meeting, New Orleans: 1984

[52] Westerling, C. : Numerische Simulation instationärer Umformprozesse. VDI-Fortschr.Ber., Reihe 2, Nr.118, Düsseldorf: VDI Verlag, 1986

[53] Webster, W. ; Davis, R. : Finite Element analysis of round to square extrusion processes. Proc.VI´th NAMRC (1978), S.166-170

[54] Mori, K. ; Osakada, K. : Simulation of three dimensional rolling by the rigid-plastic Finite Element Method. In: Num.Meth.in Ind.Form.Proc, Swan Sea: Pineridge Press,1982

[55] Pohl, W. : Ein Verfahren zur näherungsweisen Berechnung der Wärmeentwicklung und der Temperaturverteilung beim Kaltstauchen von Metallen. Berichte aus dem Institut für Umformtechnik, Universität Stuttgart, Nr.23, Essen: Girardet, 1972

[56] Akeret, R. : Untersuchungen über das Starngpressen unter besonderer Berücksichtigung der thermischen Vorgänge. ALUMINIUM 44 (1968), S.412-415

[57] Kang, D.K. ; Lange, K. : Entwicklung eines Verfahrens zur Vorhersage der Endgeometrie bei Verfahren der Kalt- und Halbwarmmassivumformung komplexer Werkstücke. Abschlußbericht zum DFG Forschungsvorhaben, LA 155/127, Institut für Umformtechnik, Universität Stuttgart,1989

[58] Stahl-Eisen-Prüfblatt 1126 : Ermittlung der senkrechten Anisotropie (r-Wert) von Feinblechen im Zugversuch. 1.Ausg. Nov.1984

[59] Pöhlandt, K. ; Oberländer, Th. : Beschreibung der plastischen Anisotropie von Werkstoffen der Kaltmassivumformung. Metall 46 (1992) Heft 8, S.805-811

[60] Hill, R. : Theoretical plasticity of textured aggregates. Department of Applied Mathematics and Theoretical Physics, 1979, S.179-191

[61] Kobayashi, S. ; Caddell, R.M. ; Hosford, W.F. : Examination of Hill's latest yield criterion using experimental data for various anisotropic sheet metals. Int.J.Mech.Sci. Vol.27, No.7/8 (1985), S.509-517

[62] Hoffman, O. : The brittle strength of orthotropic materials. J.Comp.Mater. 1 (1967), S.200

[63] Schellekens, J.C.J. ; de Borst, R. : The use of Hoffman yield criterion in Finite Element anaysis of anisotropic components. Computers & Structures, Vol.37, No.6 (1990), S.1087-1096

[64] Eisenberg, M.A. ; Yen, C.F : A theory of multiaxial anisotropic viscoplasticity. Trans. of ASME, Vol.48 (1981), S.276-284

[65] Betten, J. ; Borrmann, M. : Stationäres Kriechverhalten innendruckbelasteter dünnwandiger Kreiszylinderschalen unter Berücksichtigung des orthotropen Werkstoffverhaltens und des CSD-Effektes. Forschung im Ingenieurwesen, Bd.53 (1987), S.75-82

[66] v.Mises, R : Mechanik der plastischen Formänderung von Kristallen. Z.angew.Math.Mech. 8, 1928

[67] Yao. C. : Isothermes direktes Strangpressen von Aluminiumlegierungen. Diss. TU Berlin, 1991

[68] Weitzel, F. : Temperaturmessung an Strangpreßwerkzeugen im Produktionsbetrieb, Teil I, ALUMINIUM 68 (1992), S.220-223

[69] Strehmel, W. : Untersuchungen zum rechnergestützten direkten Strangpressen von Aluminiumlegierungen. Fortsch.Ber.d. VDI-Zeitschriften, Reihe 2, Nr.51, Düsseldorf: VDI-Verlag, 1982

[70] Sutherland,E.I.; Sproull,R.F. ; Schumacker,R.A.: A Characterization of ten Hidden-Surface Algorithms, Computing Surveys, Vol.6,No.1 (1974), S.1-54

[71] Siebel, E. : Die Formgebung im bildsamen Zustand, Stahl-Eisen Verlag, Düsseldorf, 1932

[72] Sachs, G. : Zur Theorie des Ziehvorgangs. Z. angew. Math. Mech., 7, 1927

[73] Schwarz, H. R. : Methode der finiten Elemente, Stuttgart: B.G.Teubner,1984

[74] Kang, D.K. : Beschreibung der Segmentverwaltung in PSU. PSU Nr.B7002.1-0293/0.1, Institut für Umformtechnik, Univ.Stuttgart, 1993

[75] Zhong, Z.H. : A contact searching algorithm for general contact problems, Computers & Structures, Vol.33 (1989), S.197-209

[76] Lippmann, H.; Mahrenholtz, O. : Plastomechanik der Umformung metallischer Werkstoffe. Berlin/Heidelberg/New York:Springer, 1967

[77] Institut für Umformtechnik, Universität Stuttgart : Umformtechnik II, Unterlagen zur Vorlesung, 1993

[78] Sevillano, G.J.; v. Houtte, P. ; Aernoudt, E. : Large strain work hardeninig and textures, Progress in Materials Science 25 (1981), S.88

[79] Stiefel, E.: Einführung in numerische Mathematik, Stuttgart: B.G.Teubner, 1976

[80] Bushnell, D. : Finite Differencd Energy Models versus Finite Element Models, Two variational approaches in one computer programm, Numerical and Computer Methods in Structural Mechanics. New York, N.Y.: Academic Press, 1973

[81] Bushnell, D. ; Almroth, B.O. : Finite Difference Energy Method for Non-linear Shell Analysis, J. Computers and Structures, Vol.1 (1971), S.361-387

[82] Brebbia, C. A. ; Dominguez, J. : Boundary Elements, An introductory course, Southampton: McGraw-Hill, 1989

[83] Koizumi, M et.al.: Application of BEM to unsteady 3-D heat conduction problems with non-linear boundary conditions. In: Boundary Elments, Proc.of 5th international conference, Hiroshima, Japan, Nov.1983

[84] Hoffmann, C. : Aufweitungsverhalten von Fließpreßmatrizen mit nichtrotationssymmetrischer Innenform - Berechnungen mit der Boundary-Element-Methode. Berichte aus dem Institut für Umformtechnik der Universität Stuttgart, Nr.112, Berlin usw.: Springer 1991

[85] Blix, U. : Zur Berechnung der Einschnürung von Zugstäben unter Berücksichtigung thermischer Einflüsse mit Hilfe der Finiten-Element-Methode. Diss. Ruhr-Universität, Bochum, 1983

[86] Miehe, C. : Zur numerischen Behandlung thermomechanischer Prozesse, Diss. TU Hannover, 1988

[87] Oh,S.I. et.al. : Automated mesh generation for forming simulation - I, ASME International Computers in Engineering conference, Boston, 1990

[88] Stüwe, H.P.: Mechanische Anisotropie, Wien New-York: Springer,1974

[89] Tekkaya, A.E.;Sen,A : Linear contact algorithm for rigid-plastic finite element simulation, Steel Rearch 63, No.12 (1992), S.531-536

[90] Wriggers, P. ; Simo, J.C. ; Taylor, R.L. : Penalty and augmented Lagrangian formulations for contact problems. In: Proceedings of the NUMETA '85 conference, Swansea, 7-11 Jan. 1985, S.97-106

[91] Baltov, A ; Sawczuk, A. : A rule of anisotropic hardening. Acta Mechanica, Vol.1 (1965), S.81-92

[92] Haupt, P. ; Tsakmakis, C. : On kinematic hardening and large plastic deformations. Int.J.Plasticity, Vol.2 (1986), S.279-293

[93] Institut für Umformtechnik, Universität Stuttgart : Umformtechnik I, Unterlagen zur Vorlesung, 1993

[94] Boos, D. : Stauchen der gescherten Zylinder. Priv. Mitteilung

[95] Hinton,E. ; Rock,T. ; Zienkwiecz,O.C.: A note on mass lumping and related process in the finite element method, Erthquake Engineering and Structure Dynamics 4 (1976), S.245-249

[96] Marten, J : Ein Vergleich thermomechanischer Stoffgesetzformulierungen und deren numerische Umsetzung. Institut für Mechanik, Universität Hannover, 1988

[97] Sailer, C. : Scherbrüche beim Vorwärtsstrangpressen von Rundstangen aus Aluminium. Diss.,Lehrstuhl A für Mechanik, TU München, 1989

[98] Tautenhahn, H. : Experimentelle Untersuchung der radialen Anisotropie an Rohrzugproben, DFG Forschungsprojekt Radiale Anisotropie, projektinterne Mitteilung, Aug.1993

[99] Tautenhahn, H. : Experimentelle Untersuchung der radialen Anisotropie an Rohrzugproben, DFG Forschungsprojekt Radiale Anisotropie, projektinterne Mitteilung, Jan.1994

[100] Lange, K. (Hrsg.) : Umformtechnik, Band 4 : Sonderverfahren, Prozeßsimulation, Werkzeugtechnik, Produktion. Berlin usw.: Springer, 1993

[101] Friedrich, K.H. : Beitrag zur Messung der Strangoberflächentemperatur beim Strangpressen. Berichte aus dem Institut für Umformtechnik der Universität Stuttgart, Nr.33, Essen: Girardet, 1975

[102] Su, J : Auslegung von Fließpreßmatrizen mit der Boundary-Element-Method im Verbund mit CAD System. Berichte aus dem Institut für Umformtechnik der Universität Stuttgart, Nr.120, Berlin usw.: Springer, 1994

[103] Simo, J.C.; Laursen, T.A.: An augmented Lagrangian Treatment of Contact Problems involving Friction. Comp.& Struc. (1992), S.97-116

[104] Verein Deutscher Eisenhüttenleute : Stahl-Eisen-Prüfblätter Nr.1126, Düsseldorf, Verlag Stahl Eisen, 1984

Anhang

A.1 Grundlagen in Kontinuumsmechanik

Ein Teilgebiet der Mechanik ist die Mechanik eines Kontinuums, die sich hauptsächlich mit Spannungen und Formänderungen bzw. Fließen eines Kontinuums befasst. Ein Gegenstand mit einer geschlossenen Berandung und gefüllt mit einer Materie in einer Form von Festkörpern, Flüssigkeiten, und Gasen ist kontinuierlich anzunehmen, d.h. als eine stetige Anhäufung von materiellen Punkten, wenn Defekte in der molekularen Struktur des Materials, z.B.Leerstellen, einmal vernachlässigt werden, und heißt ein Kontinuum. In der Kontinuumsmechanik werden mathematische Modelle zur Beschreibung des mechanisch-thermischen Verhaltens von dem Kontinuum aufgestellt. Die Aufgabe besteht nun darin, den Spannungs- und Formänderungszustand sowie die Verschiebungen in allen Punkten eines Kontinuums bei vorgeschriebenen Randbedingungen zu bestimmen.

Die Beschreibung mechanischer Vorgänge im Kontinuum steht auf drei Säulen [2]:

- Kräftegleichgewicht,
- Formänderungskinematik,
- Stoffgesetz.

Kräftegleichgewicht und Formänderungskinematik können dabei für sich betrachtet werden, sie sind erst durch das Stoffgesetz miteinander verknüpft. Im folgenden werden die Einzelheiten in einfacher Form erläutert, die zur Beschreibung eines Formänderungsvorgangs in der Umformtechnik notwendig sind.

A.1.1 Statische Grundlagen

Statische Größen wie Spannungen bzw. Kräfte beschreiben zusammen mit kinematischen Größen die Formänderungsvorgänge. Zur mechanischen Beschreibung eines Kontinuums ist die Definition der Spannung notwendig. Mann kann sich ein Kontinuum vorstellen, das ursprünglich ein Volumen V hatte und in zwei Teilvolumen V_1 und V_2 zerlegt wird. Durch den Schnitt werden Schnittkräfte frei, die man sich kontinuierlich verteilt denkt. Mit ΔA eine kleine Fläche auf der Schnittebene und ΔF die auf diese Fläche wirkende Kraft läßt sich der Spannungsvektor s definieren,

$$s = \lim_{\Delta A \to 0} \frac{\Delta F}{\Delta A} \, . \tag{A.1}$$

Der Spannungsvektor s ist von der Normale von der Fläche und der Wirkrichtung der Kraft abhängig und kann in Spannungskomponenten zerlegt werden,

$$s^T = \begin{bmatrix} s_x & s_y & s_z \end{bmatrix} \, . \tag{A.2}$$

Für einen allgemeinen dreidimensionalen Materialpunkt läßt sich die Spannung mit Hilfe eines infinitesimal kleinen Volumenelements definieren,

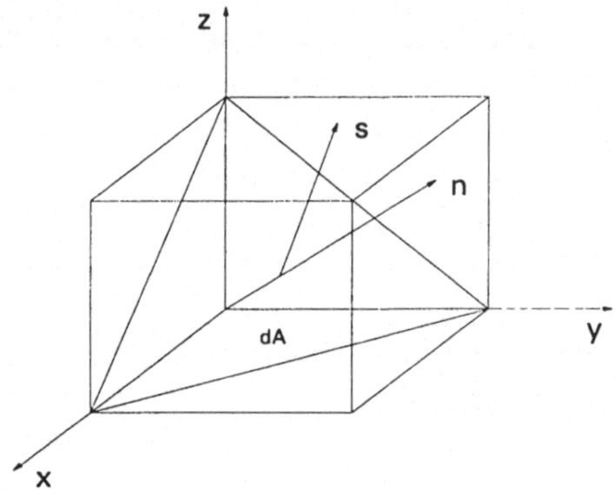

Bild A.1 : Zur Definition einer räumlichen Spannung

Mit n der Normaleneinheitsvektor auf der Fläche dA und e,f,g Richtungskosinus zwischen der Spannung s und den drei Koordinatenrichtungen x,y,z können die Flächen- und Spannungskomponenten ausgedrückt werden:

$$dA_x = n_x \, dA, \quad dA_y = n_y \, dA, \quad dA_z = n_z \, dA \tag{A.3}$$
$$\text{und}$$
$$s_x = e \cdot s, \quad s_y = f \cdot s, \quad s_z = g \cdot s \, . \tag{A.4}$$

Das Kraftgleichgewicht für das infinitesimal kleine Volumenelement lautet;

$$s_x = \sigma_{xx} \, n_x \, dA + \sigma_{xy} \, n_y \, dA + \sigma_{xz} \, n_z \, dA$$
$$s_y = \sigma_{yx} \, n_x \, dA + \sigma_{yy} \, n_y \, dA + \sigma_{yz} \, n_z \, dA \tag{A.5}$$
$$s_z = \sigma_{zx} \, n_x \, dA + \sigma_{zy} \, n_y \, dA + \sigma_{zz} \, n_z \, dA \, ,$$

und in Matrizenform

$$\begin{Bmatrix} s_x \\ s_y \\ s_z \end{Bmatrix} = \begin{bmatrix} \sigma_{xx} & \sigma_{xy} & \sigma_{xz} \\ \sigma_{yx} & \sigma_{yy} & \sigma_{yz} \\ \sigma_{zx} & \sigma_{zy} & \sigma_{zz} \end{bmatrix} \begin{Bmatrix} n_x \\ n_y \\ n_z \end{Bmatrix} . \qquad (A.6)$$

Der Spannungstensor verhält sich mathematisch wie ein Operator und beschreibt den vollständigen Spannungszustand in einem materiellen Punkt. Aus dem Momentengleichgewicht ergibt sich, daß der Spannungstensor eine Symmetrieeigenschaft aufweist, d.h. $\sigma_{ij} = \sigma_{ji}$. In jedem Punkt des Kontinuums gibt es drei zueinander orthogonale Ebenen, in denen die Schubspannungen σ_{ij} $(i \neq j)$ verschwinden. Auf diesen Hauptspannungsebenen nehmen die Normalspannungen Extremwerte $\sigma_{11}, \sigma_{22}, \sigma_{33}$ an, die Hauptnormalspannungen genannt werden. Aus dem Spannungstensor können drei Spannungsinvariante abgeleitet werden [2];

$$I_1^\sigma = \sigma_{11} + \sigma_{22} + \sigma_{33}$$
$$I_2^\sigma = -(\sigma_{11}\sigma_{22} + \sigma_{22}\sigma_{33} + \sigma_{33}\sigma_{11}) \qquad (A.7)$$
$$I_3^\sigma = \sigma_{11}\sigma_{22}\sigma_{33} .$$

Sie sind durch die drei Hauptnormalspannungen $\sigma_{11}, \sigma_{22}, \sigma_{33}$ eindeutig bestimmt und damit für einen gegebenen Spannungszustand konstant. Diese sind koordinatenunabhängig und damit invariant. Physikalisch besonders interessant ist die erste Invariante, die auch Spur heißt. Die Summe der Spannungskoordinaten auf der Hauptdiagonalen läßt sich als mittlere Spannung deuten, d.h.

$$\sigma_m = \frac{1}{3}\sigma_{ii} = \frac{1}{3}I_1^\sigma \qquad (A.8)$$

In einer Flüssigkeit mit allseitig gleichem Druck p gilt

$$\sigma_{11} = \sigma_{22} = \sigma_{33} = p \qquad (A.9)$$

und daher wird σ_m auch als die hydrostatische Spannung bezeichnet. Zieht man von den Normalspannungen die mittlere Spannung ab, so erhält man den Deviator des Spannungstensors.

$$\sigma'_{ij} = \sigma_{ij} - \frac{1}{3}\sigma_{kk}\delta_{ij} = \sigma_{ij} - \sigma_m\delta_{ij} \,. \qquad \text{(A.10)}$$

Nach dieser Definition verschwindet die Spur des Spannungsdeviators

$$I_1^{\sigma'} = \sigma'_{ii} = \sigma_{ii} - \frac{1}{3}\sigma_{kk}\delta_{ij} = 0. \qquad \text{(A.11)}$$

Die zweite Invariante des Spannungsdeviators wird zu

$$I_2^{\sigma'} = \frac{1}{2}\left(\sigma'_{ij}\sigma'_{ij} - \sigma'_{ii}\sigma'_{jj}\right) \qquad \text{(A.12)}$$

und im Hauptspannungsraum

$$I_2^{\sigma'} = \frac{1}{6}\left[(\sigma_{11} - \sigma_{22})^2 + (\sigma_{22} - \sigma_{33})^2 + (\sigma_{33} - \sigma_{11})^2\right]. \qquad \text{(A.13)}$$

A.1.2 Kinematische Grundlagen

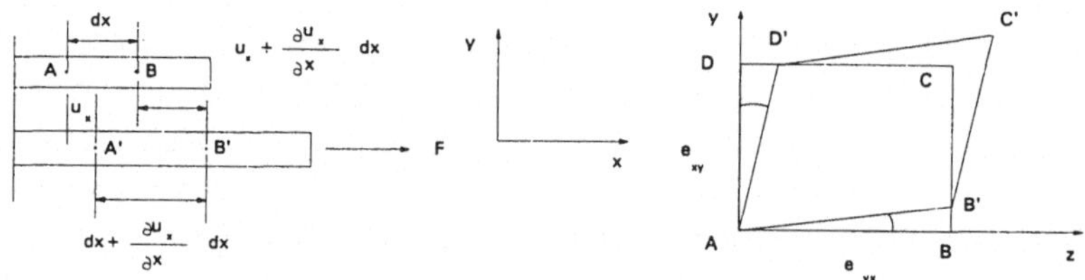

Bild A.2 : Definition der Formänderung

Grundsätzlich kann die Formänderung als eine bezogene Längenänderung verstanden werden. Wenn ein eindimensionaler Stab in Bild A.2 aufgrund der Krafteinwirkung F seine Länge um dL verlängert hat, läßt sich die lineare Formänderung ε als Änderungsrate der Länge bezüglich auf die Anfangslänge bestimmen wie

$$\varepsilon_x = \frac{\Delta l}{l} = \frac{A'B' - AB}{AB} = \frac{dx + \left(\frac{\partial u_x}{\partial x}\right)dx - dx}{dx} = \frac{\partial u_x}{\partial x} \; . \tag{A.14}$$

Bei einem dreidimensionalen Formänderungszustand können Formänderungen in x- und y-Achsen analog zu dem eindimensionalen definiert werden,

$$\varepsilon_y = \frac{\partial u_y}{\partial y} \quad \text{und} \quad \varepsilon_z = \frac{\partial u_z}{\partial z} \; . \tag{A.15}$$

Wenn es im Materialpunkt eine Winkeländerung zustande kommt, werden die jeweilige Winkelverzerrungen definiert als

$$\varepsilon_{xy} = \frac{DD'}{AD} = \frac{\partial u_x}{\partial y}, \, \varepsilon_{yx} = \frac{BB'}{AB} = \frac{\partial u_y}{\partial x} \tag{A.16}$$

$$\text{analog dazu} \quad \varepsilon_{yz} = \frac{\partial u_y}{\partial z}, \; \varepsilon_{zy} = \frac{\partial u_z}{\partial y}$$

$$\text{und} \; \varepsilon_{xz} = \frac{\partial u_x}{\partial z}, \; \varepsilon_{zx} = \frac{\partial u_z}{\partial x} \; . \tag{A.17}$$

Die Formänderungskomponenten können in einem Tensor zusammengefaßt werden, der Formänderungstensor heißt und den vollständigen Formänderungszustand in einem materiellen Punkt beschreibt. Der Formänderungstensor lautet

$$\varepsilon_{ij} = \begin{bmatrix} \varepsilon_{xx} & \varepsilon_{xy} & \varepsilon_{xz} \\ \varepsilon_{yx} & \varepsilon_{yy} & \varepsilon_{yz} \\ \varepsilon_{zx} & \varepsilon_{zy} & \varepsilon_{zz} \end{bmatrix} \; . \tag{A.18}$$

Wenn man statt der Verschiebung u die Verschiebungsgeschwindigkeit $\dot{u}$ an einem aktullen Zeitpunkt, wo ein neues Koordinatensystem x', y', z' gültig ist, betrachtet, wird der Formänderungsgeschwindigkeitstensor entsprechend definiert

$$\dot{\varepsilon}_{ij} = \begin{bmatrix} \dot{\varepsilon}_{x'x'} & \dot{\varepsilon}_{x'y'} & \dot{\varepsilon}_{x'z'} \\ \dot{\varepsilon}_{y'x'} & \dot{\varepsilon}_{y'y'} & \dot{\varepsilon}_{y'z'} \\ \dot{\varepsilon}_{z'x'} & \dot{\varepsilon}_{z'y'} & \dot{\varepsilon}_{z'z'} \end{bmatrix} \; . \tag{A.19}$$

Der Formänderungs- bzw. Formänderungsgeschwindigkeitstensor ist ein symmetrischer Tensor zweiter Stufe und hat wie bei anderen Tensoren zweiter Stufe folgende Eigenschaften [2]:

- Der Formänderungsgeschwindigkeitstensor hat drei Invarianten

$$I_1^{\dot\varepsilon} = \dot\varepsilon_{ii} = \dot\varepsilon_{11} + \dot\varepsilon_{22} + \dot\varepsilon_{33}$$
$$I_2^{\dot\varepsilon} = \frac{1}{2}\left(\dot\varepsilon_{ij}\dot\varepsilon_{ij} - \dot\varepsilon_{ii}\dot\varepsilon_{jj}\right)$$
$$I_3^{\dot\varepsilon} = det\left(\dot\varepsilon_{ij}\right).$$

(A.20)

- Für jeden Punkt des Kontinuums gibt es drei zueinander orthogonale (Schnitt-) Ebenen, in denen keine Gleitungsgeschwindigkeiten auftreten. Die Formänderungsgeschwindigkeiten nehmen dann Extremwerte an und der Tensor hat die Form

$$\dot\varepsilon_{ij} = \begin{bmatrix} \dot\varepsilon_{11} & 0 & 0 \\ 0 & \dot\varepsilon_{22} & 0 \\ 0 & 0 & \dot\varepsilon_{33} \end{bmatrix}.$$

(A.21)

- Der Deviator der Formänderungsgeschwindigkeiten wird gebildet nach der Form

$$\dot\varepsilon_{ij}' = \dot\varepsilon_{ij} - \frac{1}{3}\dot\varepsilon_{kk}\,\delta_{ij}\;.$$

(A.22)

Hier sei gleich auf eine Besonderheit verweisen. Für das starr-plastische Werksoffmodell mit der Inkompressiblitätsbedingung verschwindet die erste Invariante

$$I_1^{\dot\varepsilon} = \dot\varepsilon_{ii} = \dot\varepsilon_{11} + \dot\varepsilon_{22} + \dot\varepsilon_{33} = 0\;.$$

(A.23)

Der Tensor der Formänderungsgeschwindigkeiten fällt hier also mit seinem Deviator zusammen

$$\dot\varepsilon_{ij}' = \dot\varepsilon_{ij}\;.$$

(A.24)

Die zweite Invariante $I_2^{\dot\varepsilon}$ ist dann eine rein quadratische Form

$$I_2^{\dot\varepsilon} = \frac{1}{2}\left(\dot\varepsilon_{ij}\dot\varepsilon_{ij}\right) = I_2^{\dot\varepsilon'} = \frac{1}{2}\left(\dot\varepsilon_{ij}'\dot\varepsilon_{ij}'\right)\;.$$

(A.25)

A.1.3 Stoffgesetze

Zur Beschreibung der Deformationsvorgänge in einem Kontinuum sind grundsätzlich folgende Bedingungen vorausgesetzt;

- Kompatibilitätsbedingung
- Gleichgewichtsbedingung
- kinematische und statische Randbedingungen.
- Stoffgesetz

Das Stoffgesetz ist eine Beziehung zwischen Formänderung und Spannung an einem materiellen Punkt. Dieses Gesetz ist abhängig von Eigenschaften und von der Modellierung des betrachteten Materials. In der Simulation umformtechnischer Vorgänge werden in den meisten Fällen zwei bekannteste Stoffgesetze verwendet, das elastisch-plastische Stoffgesetz nach Prandtl-Reuß und das starr-plastische Stoffgesetz nach Levy-Mises.

A.1.3.1 Fließbedingung

Die Fließbedingung bzw. Fließkriterium gibt an, wann ein materieller Punkt des Werkstoffs plastisch wird, also seine Fließgrenze erreicht. Der Fließbeginn hängt offenbar vom Spannungszustand ab. Bei einem einachsigen Spannungszustand $(\sigma_{11} \neq 0, \sigma_{22} = \sigma_{33} = 0)$ nimmt σ_{11} einen kritischen Wert σ_f an, wenn die Fließgrenze erreicht wird. In diesem Fall stellt σ_f die Fließspannung dar und wird in der Umformtechnik üblicherweise durch k_f ersetzt, die auch als Formänderungsfestigkeit bezeichnet wird. Es gibt zwei bekannteste Fließbedingungen ; Fließbedingung nach Tresca und die Fließbedingung nach v.Mises.

Die Hypothese nach Tresca besagt, daß plastisches Fließen im Werkstoff eintritt, wenn die größte Schubspannung τ_{max} einen kritischen Wert erreicht. Bei einachsigem Spannungszustand ist der Sachverhalt dann

$$\tau_{max} = \frac{1}{2}\sigma_{11} = \frac{1}{2}\sigma_f = \frac{1}{2}k_f \ . \tag{A.26}$$

Mathematisch läßt sich die Fließbedingung für einen allgemeinen Spannungszustand darstellen als

$$\left[(\sigma_{11}-\sigma_{22})^2 - 4k^2\right]\left[(\sigma_{22}-\sigma_{33})^2 - 4k^2\right]\left[(\sigma_{33}-\sigma_{11})^2 - 4k^2\right] = 0 \qquad \text{(A.27)}$$

mit k als Schubfließgrenze,

oder in deviatorischer Form

$$\left[(\sigma'_{11}-\sigma'_{22})^2 - 4k^2\right]\left[(\sigma'_{22}-\sigma'_{33})^2 - 4k^2\right]\left[(\sigma'_{33}-\sigma'_{11})^2 - 4k^2\right] = 0 \;. \qquad \text{(A.28)}$$

Die heute gängigste Form der Fließbedingung für metallische Werkstoffe geht auf v. Mises zurück. Aus physikalischen Gründen hielt er eine quadratische Form in den Spannungskoordinaten für einen geeigneten Ansatz. Als zusätzliche Forderung, die ebenfalls physikalisch naheliegend ist, verlangte v.Mises vom Fließkriterium, daß es unabhängig vom hydrostatischen Druck, also der mittleren Spannung ist. Damit wird der Spannungsdeviator maßgebend, also dessen zweite Invariante $I_2^{\sigma'}$. Für einen einachsigen Belastungsfall gilt bei Plastifizierung $\sigma_{11} = k_f$ und für den Fall ist der Spannungsdeviator

$$\sigma'_{ij} = \begin{bmatrix} \dfrac{2}{3}\sigma_{11} & 0 & 0 \\[2ex] 0 & -\dfrac{1}{3}\sigma_{22} & 0 \\[2ex] 0 & 0 & -\dfrac{1}{3}\sigma_{33} \end{bmatrix} \qquad \text{(A.29)}$$

und die zweite Invariante nach der Gl.(A.12) hat den Ausdruck

$$I_2^{\sigma'} = \frac{1}{3}\sigma_{11}^2 \;. \qquad \text{(A.30)}$$

Durch Ersetzen der Spannung σ_{11} mit der Fließspannung k_f ergibt sich das von Misessche Fließkriterium

$$I_2^{\sigma'} - \frac{1}{3}k_f^2 = 0 \qquad \text{(A.31)}$$

oder

$$\frac{1}{6}\left[(\sigma_{11}-\sigma_{22})^2 + (\sigma_{22}-\sigma_{33})^2 + (\sigma_{33}-\sigma_{11})^2\right] = \frac{1}{3}k_f^2 \;. \qquad \text{(A.32)}$$

Dies ist die Gleichung eines der Raumdiagonalen umschriebenen unendlich langen Kreiszylinders (Fließzylinder) vom Radius $\sqrt{\frac{2}{3}}\,k_f$.

Zum Stoffgesetz gehört neben der Fließbedingung die Fließregel. Während die Fließbedingung die Plastifizierung des Werkstoffs beschreibt legt die Fließregel den Zusammenhang zwischen Spannungszustand und Formänderungszustand modellmäßig fest.

Im folgenden werden meist benutzte Stoffgesetze kurz vorgestellt.

A.1.3.2 Definition des Proportionalitätsfaktors λ in der Fließregel

Zur Bestimmung des skalaren Proportionalitätsfaktors $d\lambda$ in dem Potentialgesetz

$$d\varepsilon_{ij} = \frac{\partial F}{\partial \sigma_{ij}}\,d\lambda \qquad\qquad (A.33)$$

werden Tensoreigenschaften von $d\varepsilon_{ij}$ und $\partial F\!\big/\partial\sigma_{ij}$ herangezogen und wegen ihrer Koaxialität über eine der Invarianten die Beziehung gesucht. Hierzu ergibt sich die zweite Invariante als geeignet, da sie einfacher ist als die dritte Invariante und gegenüber der ersten Invarianten den Vorteil eines breiteren Anwendungsspektrum hat.

Die zweite Invariante von Formänderunginktremente ist

$$I_2^{d\varepsilon} = \frac{1}{2}\left(d\varepsilon_{ij}d\varepsilon_{ij} - d\varepsilon_{ii}d\varepsilon_{jj}\right) \qquad\qquad (A.34)$$

und von dem Tensor $\partial F\!\big/\partial\sigma_{ij}$ lautet

$$I_2^{d\sigma} = \frac{1}{2}\left[\left(\frac{\partial F}{\partial \sigma_{ij}}\right)\left(\frac{\partial F}{\partial \sigma_{ij}}\right) - \left(\frac{\partial F}{\partial \sigma_{ii}}\right)\left(\frac{\partial F}{\partial \sigma_{jj}}\right)\right] . \qquad\qquad (A.35)$$

Sie werden nach dem Potentialgesetz Gl.(A.33) verknüpft zu

$$I_2^{d\varepsilon} = (d\lambda)^2 \, I_2^{d\sigma} \quad \text{und somit} \quad d\lambda = \sqrt{\frac{I_2^{d\varepsilon}}{I_2^{d\sigma}}} \, . \tag{A.36}$$

Mit dem Ausdruck

$$\frac{\partial F}{\partial \sigma_{ij}} = \frac{\partial F}{\partial I_1^\sigma} \frac{\partial I_1^\sigma}{\partial \sigma_{ij}} + \frac{\partial F}{\partial I_2^{\sigma'}} \frac{\partial I_2^{\sigma'}}{\partial \sigma_{ij}} = \frac{\partial F}{\partial I_1^\sigma} \delta_{ij} + \frac{\partial F}{\partial I_2^{\sigma'}} \sigma'_{ij} \qquad \text{und}$$

$$I_2^{d\sigma} = I_2^{\sigma'} \left(\frac{\partial F}{\partial I_2^{\sigma'}} \right)^2 - 3 \left(\frac{\partial F}{\partial I_1^\sigma} \right)^2 \tag{A.37}$$

nimmt der Proportionalitätsfaktor folgende Form

$$d\lambda = \sqrt{\frac{\left(d\varepsilon_{ij} d\varepsilon_{ij} - d\varepsilon_{ii} d\varepsilon_{jj} \right)}{\left[2 I_2^{\sigma'} \left(\frac{\partial F}{\partial I_2^{\sigma'}} \right)^2 - 6 \left(\frac{\partial F}{\partial I_1^\sigma} \right)^2 \right]}} \, . \tag{A.38}$$

A.2 Methode der Finiten Elemente

Zur Näherungsanalyse eines kontinuierlichen Mediums(Kontinuum) wird das betrachtete Problem in mehreren kleinen Teilen diskretisiert und somit geht von einem kontinuierlichen zu einem diskretisierten Problem über. Im Bereich der Festkörpermechanik wurde in vierziger Jahren von McHenry, Hrenikoff und Newmark gezeigt, daß durch Ersetzen eines Kontinuumteils durch elastischen Balkens eine ausreichend gute Lösung erzielt worden war. Die Terminologie Finite-Element wurde vermutlich von Clough zum ersten Mal zum Ausdruck gebracht [10].

Um einen Überblick über die Methode der Finiten Elemente zu verschaffen, sollen hier die Vorgehensweise in der FEM kurz dargestellt. Die ausführliche Beschreibung findet man in der Literatur[9,10,11,19].

A.2.1 Prinzip der virtuellen Verschiebung

Man kann sich einen zusammenhängenden dreidimensionalen Körper vorstellen, welcher an einigen Stellen gelagert bzw. festgehalten werde. Er sei einer räumlich verteilten Kräfteverteilung f^B, Oberflächenkräften f^S und n Einzelkräften F^i unterworfen. Mit u wird der ortsabhängige Verschiebungsvektor im allgemeinen Punkt des Körpers bezeichnet (Bild A.3).

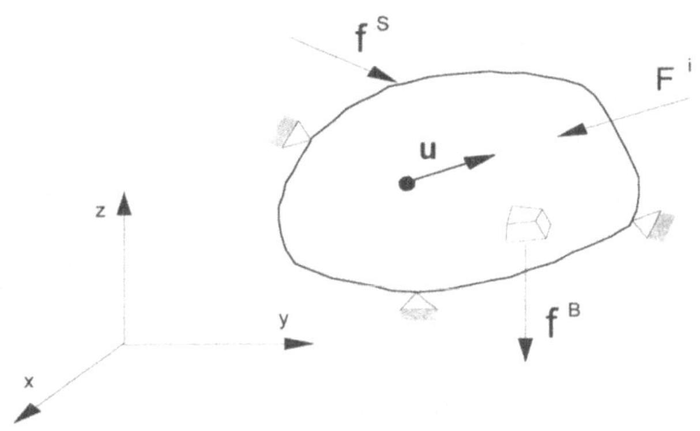

Bild A.3 : Ein belasteter dreidimensionaler Körper nach [11]

Zur Lösung des gegebenen Problems kann die Differentialgleichung aufgestellt werden, die mit vorgeschriebenen Randbedingungen und Kompatibilitätsbedingung gelöst wird. Ein anderer Weg, der zur Lösung des Problems führt, ist das Prinzip der virtuellen Verschiebung, das zum Ausgangspunkt der normalen "Finite-Element-Method" dient. Das Prinzip der virtuellen Verschiebung besagt, daß das Gleichgewicht des Körpers verlangt, die totale interne virtuelle Arbeit gleich der totalen äußeren virtuellen Arbeit zu sein, wenn der Körper einer beliebigen kleinen virtuellen Verschiebung ausgesetzt wird. Dies läßt sich ausdrücken als

$$\int_V \bar{\varepsilon}^T \sigma \, dV = \int_V \bar{u}^T f^B \, dV + \int_S \bar{u}^T f^S \, dS + \sum_n \bar{u}^T F^i \, . \qquad (A.39)$$

Wenn das Prinzip der Stationarität angewendet wird, geht der Ausdruck in der Gl.(A.39) über in

$$\int_V \delta\varepsilon^T C \delta\varepsilon \, dV = \int_V \delta u^T f^B \, dV + \int_S \delta u^T f^S \, dS + \sum_n \delta u^T F^i \, , \qquad (A.40)$$

mit $\sigma = C\varepsilon$ C : Spannungs-Formänderungsmatrix des Materials.

A.2.2 Räumliche Diskretisierung des Kontinuums

In der Analyse eines Problems mit FEM wird der betrachtete Körper in Bild A.3 durch die Zusammensetzung aus mehreren diskretisierten finiten Elementen angenähert, welche an Knotenpunkten auf Elementrändern miteinander koinzidieren. Die Verschiebungen in einzelnen Elementen können in einer Funktion von Verschiebungen von Knotenpunkten des Elementes approximiert werden,

$$u^{(m)}(x,y,z) = N^{(m)}(x,y,z)\, U \, , \tag{A.41}$$

wobei $N^{(m)}$ eine Verschiebungsinterpolationsmatrix, u Verschiebung im Element, m das m' te Element und U der Vektor der globalen Verschiebungen der allen Elementknoten sind. Mit Hilfe der Beziehung in Gl.(A.41) kann der Formänderungsvektor im Element $\varepsilon^{(m)}$ angegeben werden als

$$\varepsilon^{(m)}(x,y,z) = B^{(m)}(x,y,z)\, U \, , \tag{A.42}$$

wobei $B^{(m)}$ eine Formänderungs-Verschiebungsmatrix ist und durch Differentiation und Kombination von $N^{(m)}$ abgeleitet werden kann. Die Spannungen im Element $\sigma^{(m)}$ wird durch eine Materialeigenschaftsmatrix $C^{(m)}$ mit der Elementformänderung $\varepsilon^{(m)}$ verknüpft.

$$\sigma^{(m)} = C^{(m)}\, \varepsilon^{(m)} \, , \tag{A.43}$$

Der Ausdruck für Gleichgewicht in Gl.(A.39) kann in einer diskretisierten Form dargestellt werden,

$$\sum_m \int_V \bar{\varepsilon}^{(m)^T} \sigma^{(m)}\, dV^{(m)} = \sum_m \int_V \bar{u}^{(m)^T} f^{B(m)}\, dV^{(m)} + \sum_m \int_S \bar{u}^{(m)^T} f^{S(m)}\, dS^{(m)} + \sum_i \bar{u}^{i^T} F^i. \tag{A.44}$$

Mit Einsetzen der Gleichungen Gl.(A.41), Gl.(A.42) und Gl.(A.43) in die Gleichung (A.44) wird zu

$$\bar{U}^T[\; \sum_m \int_V B^{(m)^T} C^{(m)} B^{(m)}\, dV^{(m)} \;]U =$$
$$\bar{U}^T[\; \sum_m \int_V N^{(m)^T} f^{B(m)}\, dV^{(m)} + \sum_m \int_S N^{S(m)^T} f^{S(m)}\, dS^{(m)} + F \;]. \tag{A.45}$$

mit $N^{S(m)}$ die Oberflächeninterpolationsmatrix, die durch Einsetzen der Oberflächenkoordinaten des Elementes in $N^{(m)}$ gewonnen wird. F ist der Vektor der äußeren Kräfte, die an Elementknoten konzentriert sind. Da die virtuelle Verschiebung $\overline{U}$ in Gl.(A.45) eine beliebige Variation des Verschiebungsfeldes ist und nicht null sein darf, wird die Gl.(A.45) schließlich zu

$$[\; \sum_m \int_V B^{(m)^T} C^{(m)} B^{(m)} dV^{(m)} \;] U =$$
$$\sum_m \int_V N^{(m)^T} f^{B(m)} dV^{(m)} + \sum_m \int_S N^{S(m)^T} f^{S(m)} dS^{(m)} + F , \tag{A.46}$$

und läßt sich in bekannter vereinfachter Form ausdrücken wie

$$K U = R \tag{A.47}$$

mit $K = \sum_m \int_V B^{(m)^T} C^{(m)} B^{(m)} dV^{(m)}$ und
$$R = \sum_m \int_V N^{(m)^T} f^{B(m)} dV^{(m)} + \sum_m \int_S N^{S(m)^T} f^{S(m)} dS^{(m)} + F .$$

Darin sind K Struktursteifigkeitsmatrix, U Lösungsvektor und R Lastvektor. Die Integralausdrücke in Gl.(A.47) können mit Hilfe geeigneter numerischen Algorithmen ,z.B. Gauss Quadratur, behandelt werden. Bevor das Gleichungssystem nach unbekannten Verschiebungen U aufgelöst wird, müssen natürliche und wesentliche Randbedingungen im Gleichungssystem berücksichtigt werden. Die Vorgehensweise in der Einarbeitung der vorgegebenen Randbedingungen wird in [73] ausführlich beschrieben.

A.2.3   Lösung eines nichtlinearen Gleichungssytems

Das Gleichungssystem Gl.(A.47) ist linear bzw. nichtlinear in Abhängigkeit der Eigenschaften der Struktursteifigkeit K von der Lösung des Gleichungssystems. Für ein nichtlineares Problem wird die Gl.(A.47) mit der Berücksichtigung der Nichtlinearität zu :

$$K(u)\, U = R . \tag{A.48}$$

Der Lösungsweg für das Problem in Gl.(A.48) besteht nun darin, daß der gesamte Lösungsprozeß in mehreren Teilschritten unterteilt und die Lösung im einzelnen Schritt durch Linearisierung der Gl.(A.48) gesucht wird. Dabei wird davon ausgegangen, daß die Lösung im vorigen Zeitpunkt t bereits bekannt ist, und die

Lösung im Zeitpunkt $t + \Delta t$ gesucht wird, wobei Δt ein geeignet gewähltes Zeitinkrement ist.

$$^{t+\Delta t}R - {}^{t+\Delta t}F = 0 \ . \tag{A.49}$$

Aufgrund der bekannten Lösungen am Zeitpunkt t können die Kräfte am Zeitpunkt $t + \Delta t$ wie folgt aufgespaltet werden,

$$^{t+\Delta t}F = {}^{t}F + F \ , \tag{A.50}$$

wobei F ein Inkrement in der Knotenkräfte ist und den Inkrementen der Verschiebungen und Spannungen in dem Inkrement von Zeit t bis $t + \Delta t$ entspricht. Der Kraftvektor F in Gl.(A.50) kann mit Hilfe einer Tangentsteifigkeitsmatrix ^{t}K, die geometrische und materielle Eigenschaften am Zeitpunkt t enthält, approximiert werden,

$$F = {}^{t}K \, \Delta U \tag{A.51}$$

mit ΔU ein Vektor der inkrementellen Verschiebungen der Knotenpunkte. Mit Einsetzen der Gl.(A.50) und Gl.(A.51) in Gl.(A.49) wird ein inkrementelles Gleichungssystem gewonnen.

$$^{t}K \, \Delta U = {}^{t+\Delta t}R - {}^{t}F \ . \tag{A.52}$$

Nach der Auflösung des Gleichungssystems (A.52) können die Verschiebungen am Zeitpunkt $t + \Delta t$ angenähert werden,

$$^{t+\Delta t}U = {}^{t}U + \Delta U \ . \tag{A.53}$$

Die exakten Verschiebungen am Zeitpunkt $t + \Delta t$ sind diejenigen, die den äußeren Kräften $^{t+\Delta t}R$ entsprechen. Die Verschiebungen in Gl.(A.53) sind nur approximierte Näherungen, weil zur Lösung des Gleichungssystems die Linearisierung in Gl.(A.52) verwendet wird.

PSU Prozeßsimulation in der Umformtechnik

Herausgeber: Professor em. Dr.-Ing. Dr. h.c. Kurt Lange